Cinema 4D
After Effects

动态图形设计
案例解析

Klet 编著

人民邮电出版社

北 京

图书在版编目（ＣＩＰ）数据

Cinema 4D+After Effects动态图形设计案例解析 /
Klet编著. -- 北京 : 人民邮电出版社, 2015.2（2019.7 重印）
ISBN 978-7-115-38031-9

Ⅰ. ①C… Ⅱ. ①K… Ⅲ. ①三维动画软件②图象处理
软件 Ⅳ. ①TP391.41

中国版本图书馆CIP数据核字(2015)第005619号

内 容 提 要

本书对精心挑选的 7 个动态图形设计商业案例进行深入剖析，引领读者学习每个案例的创意思路和主要制作过程，使读者能够熟练掌握动态图形的主要创作软件 Cinema 4D 和 After Effects。在实际操作练习之后，读者可以极大地提升自身的创作能力，学会国内顶尖设计公司的制作技巧。

本书适合 Cinema 4D 和 After Effects 的普通用户和相关从业人员阅读，也可以作为高等院校相关专业以及社会培训机构的教材使用。随书附赠 DVD 光盘一张，提供书中所有案例的素材文件。

◆ 编　著　Klet
　　责任编辑　王峰松
　　责任印制　张佳莹　彭志环
◆ 人民邮电出版社出版发行　　北京市丰台区成寿寺路 11 号
　　邮编　100164　电子邮件　315@ptpress.com.cn
　　网址　http://www.ptpress.com.cn
　　雅迪云印（天津）科技有限公司印刷
◆ 开本：787×1092　1/16
　　印张：13
　　字数：403 千字　　　　　　　　2015 年 2 月第 1 版
　　印数：7 901 - 8 900 册　　　　2019 年 7 月天津第 17 次印刷

定价：79.00 元（附光盘）
读者服务热线：(010)81055410　印装质量热线：(010)81055316
反盗版热线：(010)81055315

序 言

首先，我代表 Klet 与 YIYK 团队感谢每一位读者。既然大家选择了这本书，也就意味着选择了探索视频设计这个领域，选择了动态图形设计这个行业。

视频设计是一个新兴的行业，也是一个需求很大的行业。从电影电视广告，到新媒体视觉展示、信息功能展示，各类电子产品界面等，它已经渗透到了我们的日常生活中。我们通过它，可以了解产品信息，了解我们想知道的一切。它和传统静态画面最明显的区别就是，可以带给用户更直接、更有趣的体验，可以使用户更深入地了解感兴趣的内容。我们也可以把它理解为动态的平面或立体设计，它可以把传统艺术化的静态表现转换为动态表现，使用户的感官体验上升到了新的高度。若干年后，陈列在展览馆的不仅仅是静态的画面，更是全方位动态的写照。我相信随着时间的推移，随着人机交互、互动体验的逐渐提升，它的应用范围比现阶段更广泛得多。

一个好的灵感、一个好的创意需要我们在生活中去发现、去体会。但仅凭这些就能完成好的商业案例、好的作品吗？答案是否定的，我们还应该提高自身的审美设计能力与技术技巧。现阶段国内视频设计教育领域还处于起步阶段，并没有一套完善的教育体系让更多的人正确领悟和掌握这一行业的重点技巧，更多的则是对软件基础的介绍与简单案例的分析。

本书正是针对这一现状，同时针对动态图形与视频设计从业人员、爱好者量身打造的专业图书。通过分享专业视频设计公司 YIYK 的成功商业案例，来展现创意设计方式与制作执行流程，让读者不仅仅掌握软件技术，还能了解如何运用技术来表达产品的诉求，通过设计与技术的结合，完美展现创意。

本书中的众多案例，主要使用 Adobe 公司的 After Effects 与 Maxon 公司的 Cinema 4D 配合完成。每个案例都体现出我们在工作流程中运用软件的技巧与经验，可以让广大读者在学习的过程中少走弯路，就如同面对面的交流一样，没有技术、技巧的隐瞒，更多的是以坦诚的态度客观地分析创意设计思路、软件技术的应用与解决方案。这些都毫无保留地奉献给每一位读者。通过这些案例分享的经验与软件技巧，辅助读者实现自己心中的创意设计与优秀的案例作品！

预祝大家阅读愉快，并指出我们的不足。也欢迎大家关注我们的官方微博，与我们积极互动，并一起进步！

何鑫（kwysonic）
YIYK 创始人、创意总监
Klet 联合创始人

前　言

本书由 Klet 视觉艺术培训中心编写，通过对 YIYK 设计公司的商业作品进行深入剖析，从中精心挑选出 7 个优秀的商业案例作为本书的内容，每个案例无论是从色彩、构图，还是从创意、动画等方面，无疑都是国内顶尖的水平。

YIYK 一直深受业内人士以及动态视频设计爱好者的关注，自创立之初就以其新锐的创意理念和高品质的设计能力受到了众多客户的赞誉。

依靠多年来的良好口碑和高精度的设计品质，我们的设计业务在不断拓展，但相关的人才缺口很大，人才培养明显滞后。这似乎是所有业内公司面临的一个难题。我们也在思考如何才能让团队持续的向前进步，并且越来越优秀。

为了满足日益增长的人才需求，我们特别成立了针对高端视觉艺术设计培训的机构——Klet 品牌。我们将根据行业发展的需要，依托 YIYK 创意设计团队的强大实力，打造一套专业性强的精品教学体系。

这套体系秉承"创作还原"的实战教育理念，将多年的经验浓缩成具有实战价值的教学解决方案，力求在每个细节上还原每一个优秀作品的创作思路。同时，Klet 在成立之初，在网络上发布了众多品质极佳的免费教学视频，得到了非常多网友的超高评价和赞誉。

本书共分为 9 章。前 2 章对动态图形设计行业进行了概述，并简单介绍行业创作软件 Cinema 4D 和 After Effects 的使用方法。后面通过 7 章的商业案例内容让读者深入学习。

本书编写缜密，详尽记录了每个操作的过程，并分享了重点的创作思路。希望读者在学习的过程中可以举一反三，同样创作出让人赏心悦目的作品。Klet 与 YIYK 将会不断地为大家带来更加优秀的学习内容与设计作品。

最后，衷心希望本书能够为大家带来良好的学习体验和学习内容。读者在学习过程中，如果需要得到支持，我们将尽可能提供帮助，同时也欢迎大家对我们的不足给予批评和指正。

编者

目 录

第 1 章
动态图形设计概述

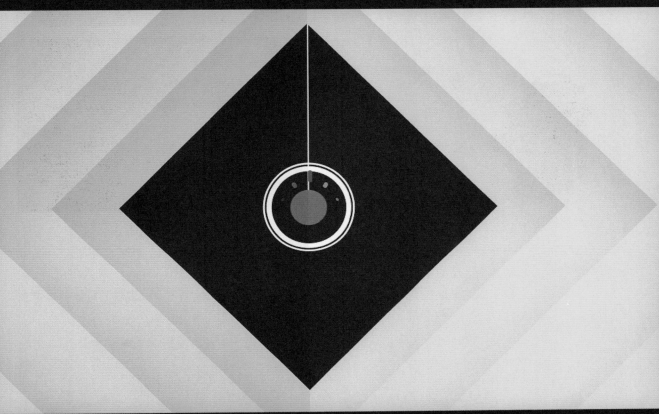

本章介绍

由于互联网的快速发展，网络上呈现了众多创意突出的扁平化风格的动态图形作品，让人印象深刻，使得 Motion Graphics 一词被众多人误以为指的是这一类型，实则不然，这正是本章内容的重点，主要让读者了解动态图形设计行业的来龙去脉，更深入地了解动态图形设计。

1.1　什么是动态图形

动态图形是影像家族的成员之一，伴随着电影产业而发展起来的一种视觉艺术，它作为一种新兴的视觉呈现形态，在国内仍处于起步发展阶段。而西方发达国家早已获得了广泛的认知，产业链发展也较为成熟。

早期的影像摄制工具　　　　早期的电影　　　　　　著名的 Motion Graphics 网站

动态图形的名称翻译来源于英文 Motion Graphics，意思是"随时间流动而改变形态的图形"，简单来说动态图形可以解释为会动的图形设计。

广义上来讲，Motion Graphics 是一种融合了电影与图形设计的语言，基于时间流动而设计的视觉表现形式。

Discovery 频道动态图形 ID

动态图形有点像平面设计与动画片之间的一种产物，动态图形在视觉表现上使用的是基于平面设计的规则，在技术上使用的是动画制作手段。

传统的平面设计是静态的视觉表现，主要是针对平面媒介服务；而动态图形则是站在平面设计的基础上去制作一段以动态影像为基础的视觉符号，也就是将静态的设计元素赋予动态化。也许对于初学者来说很难分辨动画片和动态图形设计之间的具体区别，如果加以区分的话，那么前者大多时候是以角色叙事而存在，动态图形设计则是相对抽象的视觉表现，更多的时候是一种图形化的呈现。就好像平面设计与漫画书，即使它们同样是在平面媒介上来制作，区别之处在于一个是设计平面的视觉表现形式，而另一个则是运用图像为内容叙事而服务。

平面家族

平面设计

影像家族

动态图形设计

漫画书

动画片

  一般来说，动态图形是基于时间流动而变化的非叙述性、非具象化的视觉设计。其中，非叙述性、非具象化特点是动态图形区分传统的影视动画艺术的最大不同点，强调它是基于时间流动的视觉设计艺术。

  动态图形作为一种艺术形式，也具备多样性的传达语言，说它非叙述性也并非绝对。以色列艺术家YOAV BRILL 就用动态图形艺术叙述了一段自己的经历，短片中运用非常简单的彩色圆形来代表不同角色的区别和性格，通过图形的移动和抖动表现角色内心的紧张、孤独和怯懦。故事中他是一个看不见色彩的人，在他 12 岁的某一天，校领导决定将餐厅的餐盘换成五颜六色，这项决策让他的秘密被暴露出来，并因此而出糗，他开始刻意隐藏自己，让自己变得和所有人都一样。从此以后，这便成了只有他一个人知道的秘密，他学会和他人一样去"感受"身边的事物，直到有一天去海边旅游时，一个人陌生人转过头来对他说"原来海在这个时候会变成红色"，从此他心底的秘密又被打开。

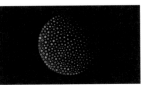

Ishihara

在科技高速发展的今天，动态图形综合了现代图形艺术和影像艺术的美学原则，使得影像、图形、文字和声音等各种艺术表现统一后组成一个整体去发挥它的作用，为人们制造更加丰富而立体的感官体验。

动态图形艺术欣赏

1.2 动态图形的历史和发展

许多人认为动态图形是最近十几年才出现的新兴事物，实际上，动态图形的存在至少已经有了50 多年的历史。也有人认为动态图形的出现时间最早可以追溯到电影技术的发明。1832 年，比利时物理学家约瑟夫·普拉陶（Joseph Plateau）发明了费纳奇镜（Phenakistoscope），首次在人们眼前制造了运动的图像，同年奥地利人西蒙·冯施坦普费尔（Simon von Stampfer）也发明了类似的动画装置 Stroboscope。

费纳奇镜（Phenakistoscope）

而首次使用术语"Motion Graphics"的是美国著名动画师约翰·惠特尼（John Whitney），他在 1960年创立了一家名为 Motion Graphics 的公司，并使用机械模拟计算机技术制作电影电视片头及广告。他最著名的作品是在 1958 年和著名设计师索尔·巴斯（Saul Bass）一起合作为希区柯克电影《迷魂记》（Vertigo）制作的片头。

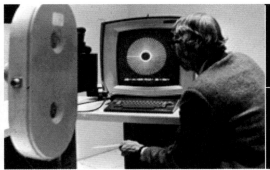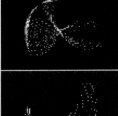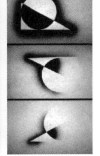

美国著名动画师约翰·惠特尼（John Whitney）工作照和作品

在动态图形史上最具影响力的先驱者是索尔·巴斯，他为一系列的热门电影设计了非常出色的片头并且影响深远，如 1955 年的《金臂人》（The Man With The Golden Arm），1958 年的《迷魂记》（Vertigo），1959 年的《桃色血案》（Anatomy of a Murder）以及 1960 年的《精神病人》（Psycho）等，这些都是极具动态图形风格的典型作品。

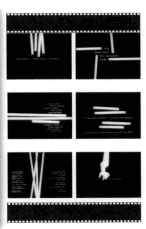

1955 年《金臂人》（The Man With The Golden Arm）

1958 年《迷魂记》（Vertigo）

1958 年《桃色血案》（Anatomy of a Murder）

1960 年《精神病人》（Psycho）

索尔·巴斯在 20 世纪 50 年代一共创作了 21 部电影片头，在当时的技术条件下，能有这样的成就是非常的了不起的。

随着动态图形艺术的风靡，美国三大有线电视网络 ABC、CBS 和 NBC 率先开始在节目中应用动态图形，不过当时的动态图形较为简单，只是作为企业标识出现，而不是创意与灵感的表达。20 世纪 80 年代，随着彩色电视和有线电视技术的兴起，小型电视频道开始出现，为了区分于三大有线电视网络的固有形象，后起的电视频道纷纷使用动态图形作为树立形象的宣传手段。

除了 20 世纪 80 年代有线电视的普及，电子游戏、录像带和各种电子媒体的不断发展所产生的需求为设计师创造了更多的发展机会，在当时的技术制约下，大量需要能够创作动态图形的设计师。在 20 世纪 90 年代之后，影响力最为广泛的设计师是基利·库柏（Kyle Cooper），他将印刷设计中的设计理念应用在动态图形设计中，从而把传统设计与新的数字技术结合在一起。他参与设计过的电影、电视剧片头多达 150 部以上。其中以他在 1995 年为大卫·芬奇（David Fincher）导演的电影《七宗罪》（Seven）所设计的片头最具代表性。

《七宗罪》海报

《七宗罪》片头精彩画面

随着科技的进步，动态图形的发展日新月异。在 20 世纪 90 年代初，大部分设计师只能在价值高昂的专业工作站上开展工作。随着电脑技术的进步和众多 CG 软件开发厂商开始为个人电脑开发软件，很多的工作任务从工作站转向了数字电脑，这期间出现了越来越多的独立设计师，快速地推动了 CG 艺术的进步。在这之后，随着数码影像技术革命性地发展，将动态图形推到了一个新的高点。

1973 年 Xerox Alto

1979 年 Three Rivers PERQ

1990 年 Sun SPARCstation

1997 年 SGI Octane

早期图形工作站

随着科技的高速发展，电脑性能的飞跃提升以及技术的普及，根本上改变了设计师的创作手段。现如今，一台普通的家用电脑配合上相应的软件，就已经能够做出质量非常不错的动态图形作品。

动态图形艺术欣赏

1.3 动态图形的应用领域

　　现代人的生活被各种信息和屏幕包围着，可以承载动态图形的媒介数不胜数，几乎能使图像运动起来的媒介就有动态图形的存在，动态图形已经逐渐成为了我们生活中的一部分。

　　动态图形具有极强的包容性，它的表现形势丰富多样，总能轻易与各种艺术风格混搭，应用范围也非常广泛。目前，动态图形的主要需求市场集中于节目频道包装、电影电视片头、商业广告、MV、现场舞台屏幕和互动装置等。

SYFY 频道导视系统

20 世纪 Fox 电影公司电影片头

NIKE 广告

Matta - Release The Freq 音乐录像带

X-Factor 2013 舞台现场

Time Warp 现场装置

　　此外，还有相关的互动设计领域，比如网站、手机、平板电脑、DVD 菜单和电子游戏界面等。

动态图形在互动设计领域的应用

动态图形经常结合各种不同的表现形式，比如动态图形（Motion Graphics）和信息图形（Info Graphics）结合之后便诞生了以信息内容为基础的信息动态图形。

对于商业客户来说，动态图形制作时间和资金的性价比都更易接受，而且创意突出，形式直接，传播效果强，是目前广告宣传中最佳利器。

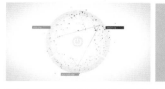

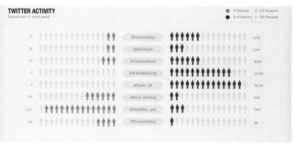

动态图形在信息图形领域的应用

优秀动态图形设计作品

人们对视听娱乐的要求越来越苛刻，渴望拥有更丰富的立体表现，传统的设计将会被越来越多的客户要求动态展示，动态图形将大有作为。

1.4　动态图形设计师使用什么软件

目前，动态图形（Motion Graphics）的制作手段主要依靠计算机图形（Computer Graphics），简称"CG"制作，属于 CG 艺术领域的一个分支。

几乎所有的 CG 软件都能应用在动态图形设计上，不过因为工作流程和软件侧重点不同，并非所有软件都适合制作动态图形。动态图形设计师通常需要掌握一款可以制作二维的合成软件和一款三维动画软件，目前在业内最常见也是最佳的组合便是 Adobe 公司旗下的 After Effects 和 Maxon 公司出品的 Cinema 4D。另外，Photoshop 是所有视觉设计需要师掌握的必备软件，不过在很多动态图形设计师手中经常也会使用 AE 来替代它工作。

After Effects　　　　Cinema 4D

其他常见的二维软件还有 Apple 公司的 Motion，这是一款服务于剪辑师的软件，可以轻松地制作出一些运动的文字和图形效果。还有 Adobe 公司的 Flash，不过在很多时候 Flash 动画很难满足更复杂的需求。

Motion　　　　Flash

常见的三维软件还有 Maya 和 3ds Max，它们也有很多的动态图形设计师用户，不过这个数目正在变得越来越少，因为 Cinema 4D 在业内的流行让人很难不被诱惑。

Maya　　　　3ds Max

有时候，一些项目会有特殊的技术要求，比如偶尔会需要和角色动画师、特效艺术家们一起协作完成项目，这个时候和其他不同的技术部门合作时，偶尔也会使用其他软件来完成工作。但这并不意味着你需要掌握非常多的软件，对于有经验的设计师来说，软件在他们眼中都是相通的，只是变换了按钮的位置，需要其他软件配合时简单地熟悉一下操作就能满足基本需求。

那么，在我们 YIYK 团队中，软件是如何高效地配合呢？下面概括说明。After Effects 的层级操作和时间线操作非常地适合动态图形的设计制作，它的合成概念简单易用，并且有着强大实用的第三方插件支持，足以面对各种要求苛刻的设计需求，After Effects 为我们的设计提供了有效的创意技术支持，是业内应用最广泛的动态图形制作工具之一。

Cinema 4D 在我们的设计团队 YIYK 中，它以简洁的人性化设计、难以置信的高效以及可靠而稳定的操作体验等鲜明特点迅速征服了团队成员。在传统三维软件中很多常见效果需要繁杂的步骤再配上足够的耐心才得以实现，到了 Cinema 4D 中这都不再成为头疼的问题。Cinema 4D 使我们得以将更多的精力专注于创意设计本身，团队于 2008 年迅速完成从 Maya、3ds Max 等传统三维软件转型到 Cinema 4D，是国内最早使用 Cinema 4D 用于动态图形设计的创意设计团队之一。

在日常的工作中，得益 Cinema 4D 与 After Effects 的极佳配合特性，无论是在创意分镜阶段还是动态执行的过程中，我们都可以随时调用三维数据、简易的多通道输出以及借助优良的层级管理等功能来随时更新最优方案，并不断地调整最终效果直至让人满意。

1.5　软件的历史

Ae After Effects简史

After Effects 是 Adobe 公司推出的一款图形影像处理软件，是影视、设计领域最流行的软件之一，其功能强大，可以高效且精确地制作出引人瞩目的动态图形和震撼人心的视觉效果。

After Effects 最初是由一家叫作 CoSA 的小公司所开发的，这个公司当时由 4 名刚大学毕业的年轻人于 1990 年在美国罗得岛洲的普罗维登斯创立。

当时公司成立目标是做世界级的内容提供商，想让艺术家和程序员坐在一起制作多媒体内容。在 MacWorld 年度大会上，他们制作了一些免费的 CD—ROM 用来促销，并让人知道他们能做什么，当他们从工厂拿回光盘后发现在 CD—ROM 中播放图像缓慢得让人难以忍受，促使他们自己开始开发 PACo，一个图片编辑器。当 PACo 越来越成熟时，公司的目标慢慢发生了改变，这个软件和 Apple 公司开发的 Quick Time 不谋而合，但

是要与 Apple 公司竞争无异于以卵击石，于是公司决策重新开发一款制作特殊效果的软件，他们从一家越南餐馆的菜单上获得灵感，将产品代号命名为 Lort。后来的开发代号都是从同一份菜单上选择（这一传统至少延续到了 AE#3.1 版本）。

1992 年公司从一家媒体公司彻底转型成软件公司，软件的第二个版本叫作 Egg，这是菜单上的第二个菜。同年 8 月的 MacWorld 上开始了公开测试，给很多测试者留下了深刻的印象。

1993 年软件名称正式更名为 After Effects，并一直沿用至今，此时版本号为 1.0。这家公司逐渐受到了越来越多的关注，同年 7 月 CoSA 被 Aldus 收购。一年以后 Aldus 和 Adobe 公司合并。尽管经历了这些公司的变迁，After Effects 开发团队始终站在一起，一直到今天，很多当年的团队成员仍然在为这个软件工作。

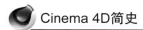 Cinema 4D简史

Cinema 4D 是一套由 Maxon Computer 公司开发的三维图像软件,以极高的运算速度和强大的第三方支持插件著称。Cinema 4D 应用广泛,在广告、电影和工业设计等方面都有出色的表现。

其最大特点是它对艺术家友善的界面,避免其他软件包中复杂繁琐的技术按钮,而且因为其功能的模块结构简单,使其能保持低廉价格。Cinema 4D 的高性价比以及重视个人用户的特点也是他得以拥有众多粉丝的条件之一。

Cinema 4D 前身为 FastRay,于 1989 年开发完成,最初只发表在 Amiga 平台上,Amiga 是早期的个人电脑系统,当时还没有图形界面,这个软件这时还没有涉及三维领域。1993 年 FastRay 正式更名为 Cinema 4D#1.0 开始迈向三维的世界,在 1996 年,Cinema 4D 开始从 Amiga 平台转向

MAC 与 Windows 系统,此时版本为 Cinema 4D V4,从此逐渐进入人们的视野。2006 年 Cinema 4D 9.6 版本发布,首次加入 MoGraph 系统(Motion Graphics 动态图形系统),为此后的迅猛发展埋下了种子,它将矩阵式的制作模式变得极为高效方便,一个单一的物体,经过奇妙的排列和组合,并且配合各种效果器的帮助,你会发现单调的简单图形也会有不可思议的效果,为艺术家们提供了一个全新维度的高效创作手段。此后的几年里,Cinema 4D 积累了大量的动态图形设计师。到现在动态图形设计师已经是 Cinema 4D 最庞大的用户群体之一。2013 年 Maxon 已经开发到 R15 版本,Cinema 4D 已经成长为 3D 图像软件的主流之一。

Ae After Effects版本更新历史

1990年6月 CoSA成立

1990年9月 PACo开发开始

1991年5月 PACo 1.0和QuickPics 1.0发布

1992年2月 PACo Producer 2.0发布

1992年4月 Lort开发开始

1992年6月 Egg开发开始

1993年1月 After Effects 1.0发布

1993年5月 After Effects 1.1发布

1994年1月 After Effects 2.0(Teriyaki)发布

1995年10月 After Effects 3.0(Nimchow)发布

1996年4月 After Effects 3.1发布

1997年5月 After Effects 3.1 Windows版本发布

1999年1月 After Effects 4.0(Ebeer)发布

1999年9月 After Effects 4.1(Batnip)发布

2001年4月 After Effects 5.0发布

2002年1月 After Effects#5.5发布

2003年8月 After Effects#6.0发布

2004年5月 After Effects#6.5发布

2006年1月 After Effects#7.0发布

2007年7月 After Effects CS3(After Effects 8.0)发布

2008年2月 After Effects CS3升级8.0.2

2008年9月 After Effects CS4(After Effects 9.0)发布

2008年12月 After Effects CS4升级9.0.1

2009年5月 After Effects CS4升级 9.0.2

2010年10月 After Effects CS4升级9.0.3

2011年4月 After Effects CS5发布

2012年4月26日 After Effects CS6正式发布

2013年6月18日 After Effects CC 正式发布

Cinema 4D版本更新历史

1990年 创始人Christian和Philip Losch在编程比赛中获奖

1991年 FastRay 在Amiga平台上发布

1993年 Cinema 4D V1 在Amiga平台上发布

1994年 Cinema 4D V2 在Amiga平台上发布

1995年 Cinema 4D V3 在Amiga平台上发布

1996年 Cinema 4D V4 发布苹果版与PC版

1997年 Cinema 4D XL V5 发布

1998年 Cinema 4D SE V5 发布

1999年 Cinema 4D GO V5

2000年 Cinema 4D XL 发布

2001年 Cinema 4D ART 发布，同年发布Cinema 4D R7

2002年 Cinema 4D R8 发布

2003年 BodyPaint 3D R2版本发布

2004年 Cinema 4D R9 发布

2005年 Cinema 4D R9.5 发布

2006年 Cinema 4D R9.6 发布，首次加入MoGraph系统

2006年10月 Cinema 4D R10 和 BodyPaint 3D R3 版本发布

2008年9月 Cinema 4D R11动画软件包发布

2009年2月 Cinema 4D R11升级编辑包功能更强

2010年9月1日 Cinema 4D R12发布

2011年9月正式发行Cinema4D R13版本

2012年8月1日Maxon 发布 Cinema 4D R14版本

2013年9月Maxon 发布 Cinema 4D R15版本

第 2 章
进入 After Effects 和 Cinema 4D 的世界

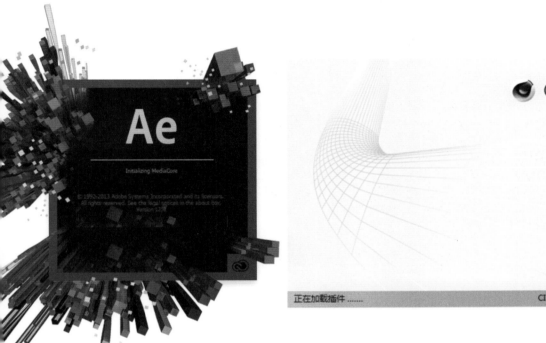

本章介绍

本章主要介绍 After Effects 和 Cinema 4D 两款动态图形设计软件，将带领读者认识软件的界面以及介绍主要功能的使用方法。

2.1 认识 After Effects

2.1.1 After Effects 的工作界面

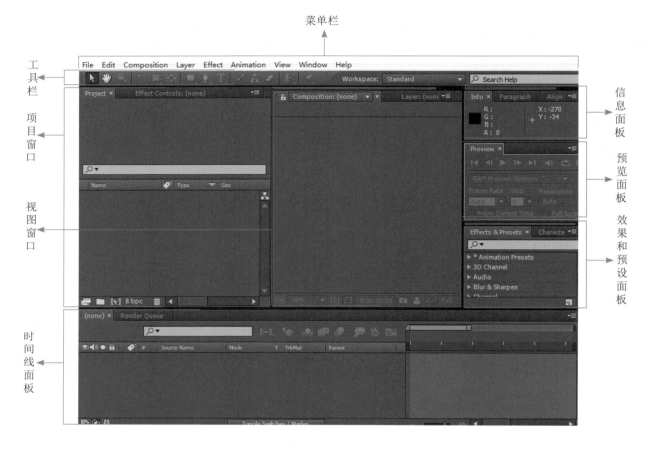

提示：本书采用After Effects CC版本书写，如果读者使用其他相近版本也并不影响本书的阅读。

① 菜单栏

菜单栏是After Effects中的重要组成部分，软件的大多数功能都可以在菜单选项中调出使用。

② 工具栏

工具栏中的几个图标分别为选择工具、抓手工具、放大工具、旋转工具、摄像机工具、轴心点、路径工具、钢笔工具、文字工具、画笔工具、图章工具、橡皮擦工具、roto笔刷、木偶工具以及最后面的工作区切换菜单。

③ 项目窗口

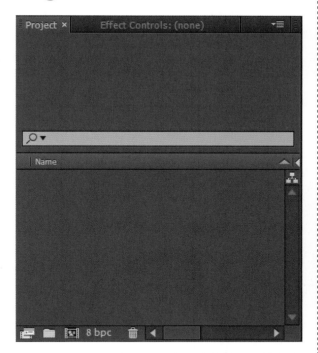

After Effects中导入和生成的素材源文件都会在项目窗口中显示,主要用于管理素材和调入合成,并不涉及素材的处理过程。

④ 视图窗口

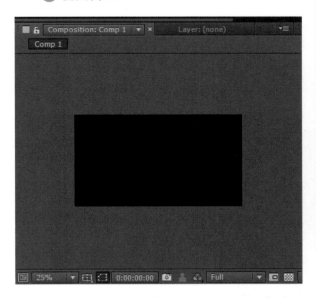

视图窗口是我们在使用After Effects工作时观看最多的窗口,常规操作和调整后呈现的效果都在这个窗口中进行。

⑤ 时间线面板

时间线面板是After Effects处理动画和编辑素材属性的主要工作区域。任何在合成中处理的素材都会在时间线面板中出现。

⑥ 信息面板

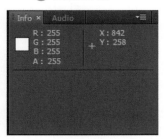

信息窗口并不作用于效果的处理,如它的命名一样,主要是用来查看合成中的信息,比如RGB和XY轴向上的数字,可以用来辅助我们处理工作。

⑦ 预览面板

预览窗口相当于After Effects中的播放器,可以控制向前向后播放以及播放的速度等。

⑧ 效果和预设面板

效果和预设窗口中集合了After Effects中的所有效果和预设,在工作中最常用的便是借助它的搜索功能快速查找到自己所需要的效果。

2.1.2 如何使用 After Effects 进行工作

使用After Effects进行工作大致上可以分为3步,即导入素材、处理素材和渲染输出,其中导入素材和渲染输出是整个流程的始末,自然是最简单的部分,而最具发挥空间之处在于对素材的处理，如何将一段平淡无奇的画面通过巧妙的合成手段变得让人惊叹是每一位设计师发挥创造力的地方。下面，我们一起来了解一下After Effects的工作流程。

❶ 如何导入素材

在项目窗口的空白处用鼠标双击即可打开一个导入窗口进行素材的导入，也可以直接打开系统的资源管理器直接将文件拖至项目窗口中进行导入，以上是工作中较为常见的导入方法，还有一种是选择菜单的[File]-[Import]-[File]进行素材的导入，快捷键是<Ctrl+I>。本步导入光盘中的"2012ZheJiang_Copyright\Source\BG.jpg"这个图片文件。

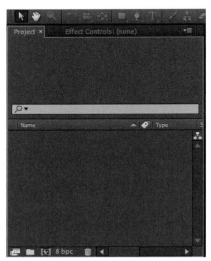

❷ 如何建立合成开始工作

在菜单中单击[Composition]-[New Composition]，快捷键是<Ctrl+N>。选择之后便可以在弹出的窗口中调整合成的设置。在这里我们分辨率改为1920×1080，帧速率改为25帧/秒，时长为5秒的合成（如左下图）。还有一种新建合成的方法，在工作也较为常用，在项目窗口中拖曳某个文件至 合成标签上同样可以创建新的合成，不过这个合成是以素材文件的设置来创建（如右下图），如果需要自行修改合成设置，可以选择菜单中的[Composition]-[Composition Settings]来进行修改。

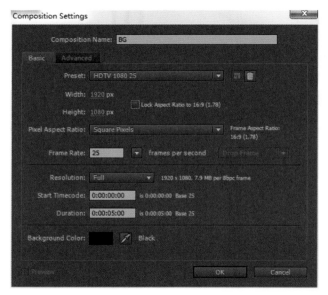
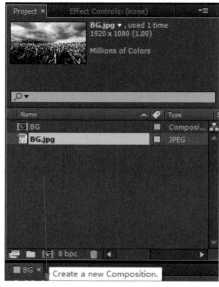

❸ 对素材进行编辑

正确地将素材放入至合成之后，可以在时间线面板上看到一个图层，在这个阶段对素材的修改比较有限，只能对它的基本属性做更改，在图层名称的前面有一个小三角，依次点开后会出现几项参数，分别是Anchor Point（轴心点）、Positon(位移)、Scale（缩放）、Rotation（旋转）和Opacity（透明度）几项基本属性。这几项基本属性也是在平常工作中最长使用的参数。

❹ 添加特效

在效果和预设面板中可以直接输入你所想要添加的特效，比如在此笔者输入单词"Hue"便可出现包含此关键词的效果和预设，只需要双击便可添加至合成上，也可以在菜单[Effect]中自由添加。添加以后可以看到原本的项目窗口变成了特效属性面板，可以再次调整特效的参数。如需返回到项目窗口只需要再次单击上方的便签即可切换。After Effects的特殊效果非常强大，工作的绝大多数处理都需要使用到

其中的一些功能，掌握好常用效果，依据不同的设计需求来做更改，可变换出相当丰富的视觉风格。

⑤ 添加关键帧

在After Effects中添加关键帧制作动画是至关重要的一项操作，任何动态图形设计作品都离不开关键帧。After Effects中的绝大多数可变换的参数都能制作关键帧，可制作关键帧的参数前面都有一个 🕐 小码表，只需单击一下便在当前时间上记录下此参数的关键帧（如左下图），然后将时间线中的指针移到下一个时间点改变相应的参数就自动记录第二个关键帧。在时间线面板中选中图层按键盘<U>键，便可查看当前层所制作的关键帧（如右下图）。

⑥ 预览动画

当制作好了一段关键帧动画之后，如果准备播放此段效果，则需在预览窗口中单击 ▶ 内存预览按钮，快捷键是小键盘<0>键。单击之后After Effects开始将工作区域内的画面载入至内存中，此时图层最上方会出现一个绿色的进度条，当全部载入完毕后After Effects便会开始播放（如左下图）。此时你可能会发现合成中的设置时间是5秒，而制作的动画也许会短一些，那么就需要将工作区域控制在合适的位置上。可以直接用鼠标制作在工作区的头尾处进行拖曳控制，也可以使用快捷键<B>和<N>分别控制（如右下图）。

2.1.3 在 After Effects 中的渲染输出设置

当我们处理完了一段效果之后就需要将它们渲染输出成一段可以播放的视频文件。可以选择菜单[Compsition] —[Add to Render Queue]，快捷键是<Ctrl+M>，之后会看到出现一个新的面板Render Queue（渲染队列），如左下图。对渲染的设置主要是针对Output Module（输出模式）进行调整，单击后出现一个新的面板，如右下图所示，修改Format可以更改视频的封装格式，修改Format Options可以调整格式所用的编码，我们一般采用QuickTime格式和H.264的编码作为播放的预览文件。如果是用作播出的话可能会采用更高码率的编码，或者直接将格式更改为无损的TGA序列。当做完一些渲染的设置以后只需要单击[Output To]（渲染位置）后面的文件名即可修改需要保存的位置。当调整结束以后单击命令[Render]后After Effects就开始渲染这段视频。

我们经常会将文件输出成不同的版本和格式来应对不同的播放需求，比如给到客户的最终播出文件和用作预览的格式肯定不一样，所以我们可以制作一些渲染用的模板来简化配置过程。选择[Edit]—[Templates]—[Output Module]命令弹出[Output Module Templates]面板（如左下图所示），你可以选择单击[New]按钮创建一个新的模板或者单击[Edit]按钮编辑当前的渲染设置。当根据自己的需求更改完毕后，可以在渲染面板中的[Output Module]后的■小三角弹出的选择模板菜单进行选择（如右下图所示）。

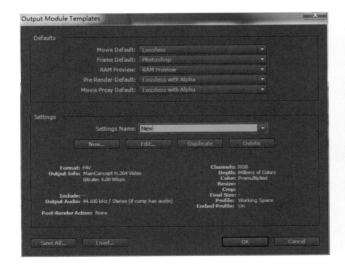

2.2　认识 Cinema 4D

2.2.1　Cinema 4D 的主要界面

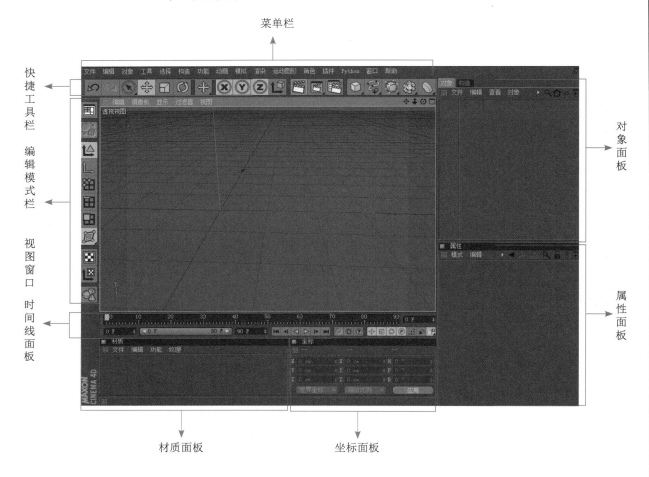

提示：本书采用Cinema 4D R12版本书写，读者可以自行使用R11.5至目前最新版本，阅读本书并不会造成任何障碍。

❶ **菜单栏**

Cinema 4D的菜单栏和大多软件一样，几乎所有的命令都能在菜单栏中找到。

❷ **快捷工具栏**

Cinema 4D的快捷工具栏集成了返回撤退图标、选择工具、对象编辑模式、轴向选择、渲染按钮、基础对象按钮等多个快捷图标。

❸ 编辑模式工具栏

编辑模式工具栏主要是针对所创建的对象本身不同选择模式的切换，主要由转为可编辑对象、对象模式、轴心模式、点模式、线模式、面模式和UV模式等多个模式按钮构成。

❹ 视图窗口

视图窗口在软件默认打开的情况下为透视图视角，可以按鼠标中键切换为四视图模式。并且可以通过每个视图上方的菜单来更换每个视图的显示方式。

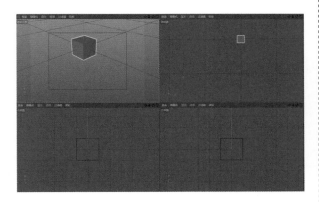

❺ 时间线面板

时间线面板相当于Cinema 4D的播放器，当进行了动画的操作以后需要在时间线面板中进行播放才能看到动画的变换。

❻ 材质面板

在Cinema 4D中创建的所有材质都会出现在材质面板中，是管理各个材质非常重要的地方。

❼ 对象窗口

对象窗口是Cinema 4D中使用最多的地方之一，软件中出现的所有对象都会出现在对象窗口中。

❽ 属性栏

在Cinema 4D中，如果需要对物体进行参数的调节，那么都需要在这个面板中进行，它也是用来制作关键帧动画非常重要的地方。

❾ 坐标面板

坐标面板主要是用来显示所选择的物体在三维空间中的位置、尺寸和旋转属性，它与属性面板下的坐标不同的地方在于它还能调整点线面的坐标参数。

2.2.2　如何使用 Cinema 4D 进行工作

一款三维软件的工作流程通常分为模型、材质、灯光、动画和渲染等几个主要部分。一般在大型项目中各个模块都由众多的专业人士来负责。以电影特效行业为例，每个镜头都需要拆分出技术上的各个细节，交给专业的模型师、贴图师、特效师和动画师等来负责不同的部分，而在动态图形设计领域，相对来说就要简单得多，不会出现过于复杂的精度，但是涉及的范围会比较的广，所以对设计师们来说，就需要掌握各个流程的常见技法以具备满足不同的设计需求的能力。

❶ 创建模型

Cinema 4D创建物体非常简单，只需要单击想要创建按钮进行选择即可，在这里可以在快捷工具栏中选择一个立方体进行创建。如果图标下面有一个指向右下角的小三角，那么你可以按住鼠标左键调出多选菜单进行选择，如下图所示。

在Cinema 4D中创建的基础对象是无法进行点线面层级的编辑，如果想要编辑，需要转化为可编辑对象然后再切换不同的选择模式，如下图所示。如果要回到参数对象模式只能通过撤销来返回，快捷键是<Ctrl+Z>。

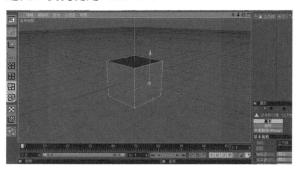

❷ 移动对象

在对象面板或者视图面板中选择某个物体时，该物体会出现一个xyz轴的控制手柄，可以通过调整这个手柄来改变物体在空间中的位置，如下图所示。

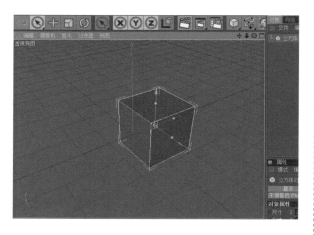

❸ 控制摄像机

Cinema 4D的摄像机操作非常简单，只需要按住<Alt>键配合鼠标左中右3个按键即可完成摄像机视角操作。

按住键盘上的 <Alt> 键加鼠标左键为摇移视图

按住键盘上的 <Alt> 键鼠中键为平移视图

按住键盘上的 <Alt> 键鼠右键键为平移视图

❹ 关键帧动画

Cinema 4D中制作关键帧只需要选中物体后在属性栏中对参数前面的小方框按住<Ctrl>键进行单击就能记录下当前时间的关键帧参数，然后拖动时间线改变参数再次记录一次就能完成关键帧的操作，如下图所示。

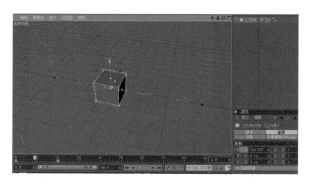

如果需要修改动画的运动曲线，可以选择[窗口]—[时间线]，打开动画曲线编辑器窗口进行修改，快捷键是<Shift+F3>，如下图所示。

⑤ 创建材质

在Cinema 4D中创建材质，只需要在材质面板的空白处双击鼠标左键即可，如下图所示。

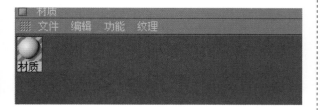

如果想要对材质球的属性进行编辑也非常简单，直接在材质球的上面双击左键即可打开材质编辑器，对所选材质的各项属性进行调节，如下图所示。如果需要应用材质到物体上，按住鼠标左键拖动材质球到所选的物体上即可。

⑥ 创建灯光和摄像机

在Cinema 4D 12版本中，灯光和摄像机的创建都在一个图标下，如下图所示。

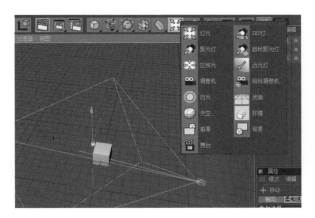

摄像机的使用需要在对象面板中单击摄像机物体名称右边的查看按钮，单击后所选视图的视角会转换至摄像机视角，如下图所示。

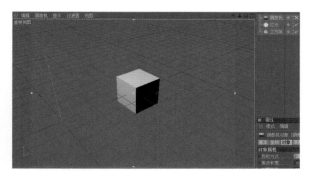

2.2.3　在 Cinema 4D 中的渲染输出设置

❶ 渲染的方法

Cinema 4D可以直接在视图中查看渲染结果，快捷键是<Ctrl+R>。如果要将画面渲染输出，需要打开渲染设置，在快捷工具栏中单击渲染设置按钮，如下图所示，快捷键是<Ctrl+B>。

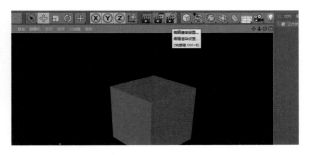

单击后会弹出一个渲染设置窗口，如下图所示。

❷ 渲染设置

打开渲染设置后一般会先调整输出项，依据项目需求调整合适的像素分辨率和输出范围，如下图所示。

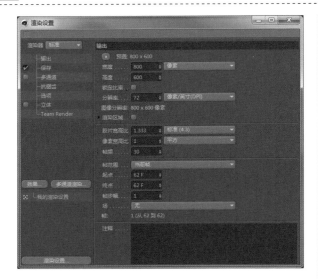

然后调整抗锯齿的级别，一般来说会把抗锯齿的默认级别"无"调整到"最佳"，然后根据场景中材质的复杂程度再调整相关参数，如下图所示。

❸ 渲染格式

针对项目需求修改了基本的参数以后就可以保存准备渲染的画面，在保存选项下可以选择画面需要存储的位置，如下图所示。

Cinema 4D支持的渲染格式非常多，对于动态图形设计领域，通常情况下选择QuickTime格式和Animation编码的居多，如下图所示，这种格式压缩质量较好，易于存储，是应用得较多的一种选择。如果画面涉及写实风格的话，一般会使用支持更高色彩深度的格式，比如OpenEXR等。

第 3 章
Romantic Diamonds 奢侈品 TVC 广告分镜设计

本章介绍

本章主要对 Romantic Diamonds 广告分镜设计的主要风格图效果进行制作。

本案例重点

- 钻石奢侈品 TVC 广告创意思路
- 钻石模型的制作
- 钻石的折射材质制作技巧
- 焦散的使用
- 使用 Particular 插件制作镜头光斑
- 背景的绘制
- 钻石的合成技巧
- 钻石与水素材的融合

3.1　Romantic Diamonds 案例解析

3.1.1　品牌简介

Romeo In Love® COLLECTION

Only You® COLLECTION

Epic Love® COLLECTION

Legendary Love® COLLECTION

Cleopatra's Passion® COLLECTION

Romantic Diamonds钻石品牌源于比利时安特卫普，是北京罗梦蒂商城有限公司旗下的知名钻石品牌。主要经营顶级钻石珠宝，出售的钻石为1～20克拉不等的3EX切工的璀璨钻石，产品系列包括婚戒、手链、项链、耳坠以及裸钻（高级定制）等。作为一家资本实力雄厚的外资独资企业，公司立足于打造国际顶级珠宝品牌，并且以绝无仅有的价格优势与沙龙式的购物环境来抢占中国的珠宝零售市场。

3.1.2　项目需求

Romantic Diamonds的目标是打造国际顶级珠宝品牌，所以强调在视觉中着重表现奢侈品特有的精致、华美和靓丽，在画面中需要展现钻石的美感和精良的制作工艺。因为品牌的定位主要聚焦于女性群体，所以还需要表现一些灵气与柔美的气质，向受众展现美好浪漫的一面。

项目名称：Romantic Diamonds 奢侈品TVC广告分镜设计

服务客户：北京罗梦蒂商城有限公司

项目尺寸：16:9 HD 高清画面

3.1.3　创意思路

根据Romantic Diamonds的定位分析——聚焦于女性审美的高端奢侈品珠宝品牌，充分展现浪漫气息与精良的钻石工艺。我们提炼出3个关键词：奢华、浪漫和精致。

"奢华"是钻石自始至终留给人们一致的印象，曾经钻石是只有皇室贵族才能享用的珍品。如今，钻石已经进入普通人群中，不再神秘莫测，但始终保持着它尊贵的品位象征。

"浪漫"是钻石的主旋律，如今很多人把它看作是爱情与忠贞的象征，"钻石恒久远，一颗永流传"作为20世纪最为经典的广告语，如同一次爱情核爆炸，响彻全球。

"精致"是钻石的表象特征之一，是切工赋予它第二生命，让它有着绚丽色彩和迷人的气质。

在元素的提炼上，并不局限于某一种饰品，我们最终选用钻石中最让人印象深刻的"八心八箭"式切工形态作为主体，同时配合灵动的水作为画面的重要辅助元素，让整体的视觉趋于缓和柔美，最后选用少量玫红色作为画面的第二色系，剔透明亮的玫红象征着典雅与明快，让人联想到女性、浪漫的特质。

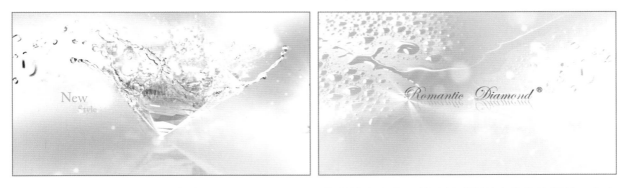

我们最终将搜集到的元素融入Romantic Diamonds的设计方案中，并选择明朗的白色作为环境，突出了画面的圣洁与剔透感。画面以钻石和水的演绎作为主要表现对象，通过整体的视觉搭配，传达品牌的内在气质。

3.2　Cinema 4D 制作部分

3.2.1　钻石模型的制作

① 创建模型对象

创建一个[圆柱]对象，重命名为"Diamond"，调整[半径]为150cm，[高度分段]为4，[旋转分段]为8，如下图所示。

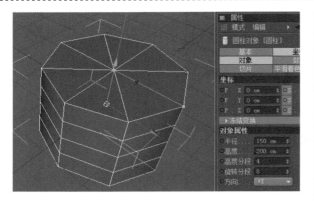

❷ 修复模型

选择[圆柱]对象按键盘<C>键，将对象转换为可编辑模型，移动顶部的点会发现模型实际上并没有连接在一起，如下图所示。

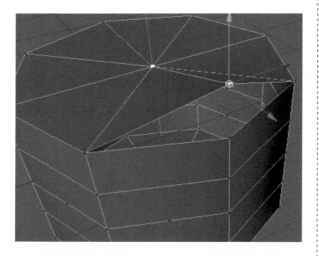

按键盘组合键<Ctrl+A>，选择所有点，然后右键选择[优化]工具，如下图所示。在弹出的面板中选择确定，调整结束后就将顶部连接在了一起。

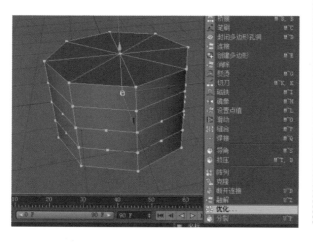

❸ 增加编辑细分

然后依次按键盘<U>和<L>键，选择[循环选择]工具，在线编辑模式下选择两条线，如下图所示。

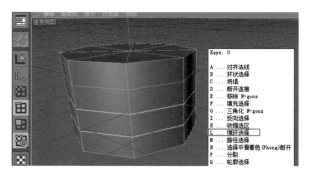

然后右键选择[边分割]，如下图所示。

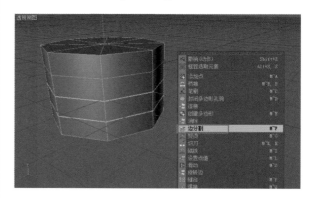

[边分割]工具参数调整如右图所示，然后单击[应用]按钮。

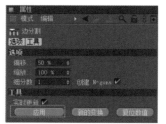

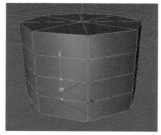

边分割工具是用来将线切开的，结果如左图所示。

切换到面编辑模式，键盘组合键<Ctrl+A>全选所有面，如右图所示。

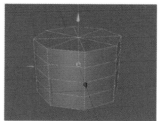

右键单击，选择[三角化]，如下图所示。

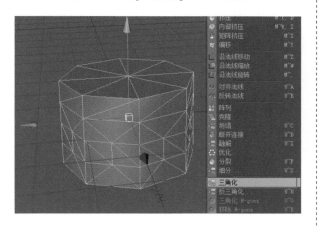

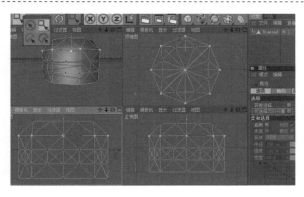

将点调整到位置Y轴88cm，如下图所示。

④ 修改模型形态

选择顶部的几个面，在坐标管理区H轴的旋转方向中输入-22.5°，然后单击[应用]按钮，如下图所示。

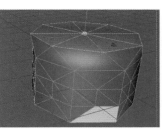

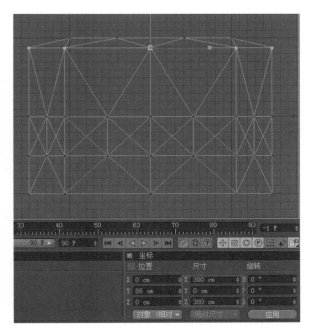

将尺寸改为200cm，单击[应用]按钮，如下图所示。

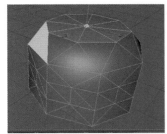

选择如下图所示点，对参数进行设置，位置80cm，尺寸308cm。

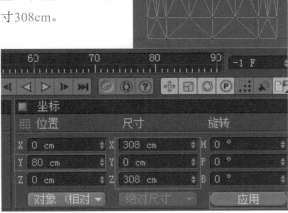

切换选择模式为框选，关闭[仅选择可见元素]选项，在正视图中选择如下图所示点。

选择如下图所示的点，设置参数，尺寸为88cm。

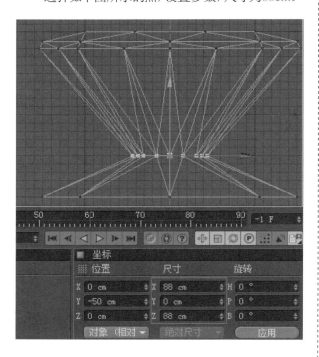

最后选择底部的点，设置尺寸为1cm，如下图所示。

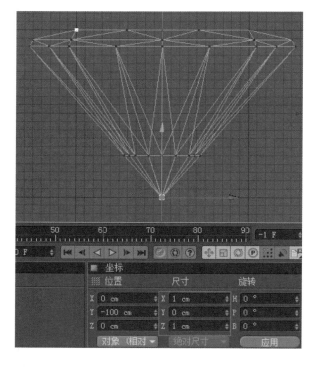

在对象面板中选择[平滑着色]标签然后删除，效果如右下图所示。

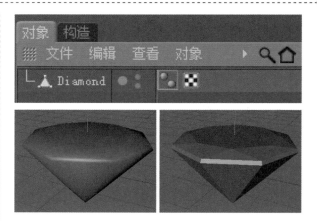

最终效果可参考光盘中相应的工程文件"Romantic Diamonds\C4D\Diamond.c4d"。

3.2.2　灯光的布置

❶ 导入场景

打开光盘中场景文件"Romantic Diamonds\C4D\Diamond_Scene.c4d"如下图所示，场景内有准备好的钻石模型、地面以及摄像机镜头。

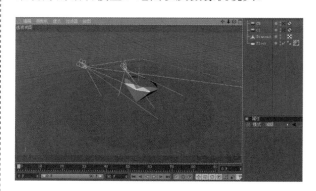

❷ 创建灯光

创建一个泛光灯，单击[❋灯光]图标，在视图窗口中调整位置，如下图所示。

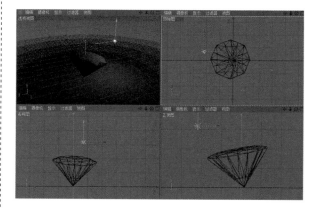

灯光常规栏的参数调整参考右上图，渲染后结果如右下图所示。

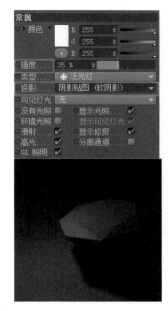

再次创建一个泛光灯，在视图窗口中调整位置，如下图所示。

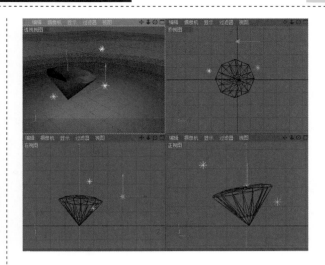

灯光常规栏的参数调整请参考左下图，渲染后结果如右下图所示。

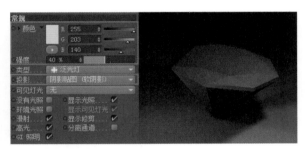

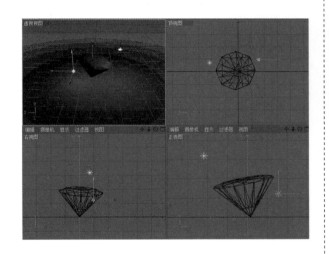

灯光常规栏的参数调整请参考左下图，渲染后结果如右下图所示。

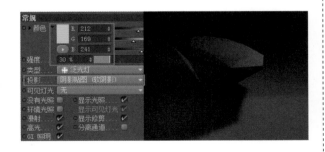

创建第3个泛光灯，在视图窗口中调整位置如下图所示。

3.2.3　钻石材质的制作

❶ 基础材质调节

在材质栏空白处双击，或者在材质菜单中单击[文件]—[新建材质]，如下图所示。然后将材质命名为"Diamond"。

钻石材质的自然折射率为2.417。选择材质，在透明栏中找到折射率并进行修改，如下图所示。

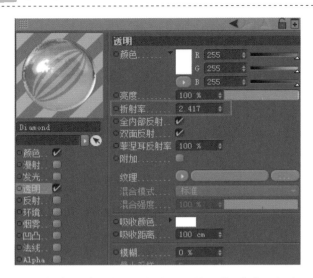

渲染后效果如下图所示，钻石的质感已经大致体现出来了。

❷ 材质细节调整

因为想要钻石的质感显现一些玫红色，单击[纹理]栏右边的◙，选择[菲涅耳（Fresnel）]通道，如下图所示。

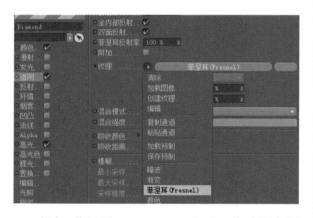

添加[菲涅耳（Fresnel）]之后，修改渐变颜色，参考下图调整。

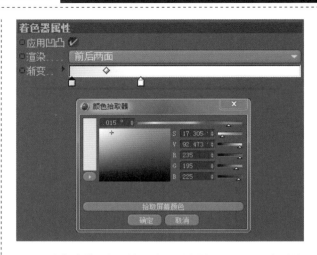

再次渲染后，效果如下图所示，可以看到钻石中有了一些玫红色的部分。

为了让钻石的内在颜色变化得更丰富一些，可以再添加一些相近颜色。选择颜色属性，单击[纹理]栏右边的◙，选择[渐变]选项，如下图所示。

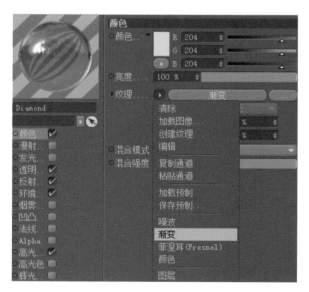

在渐变中添加一些节点，随机选取一些明度较高的相近色，调整如下图所示。

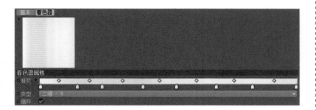

提示：色彩只要大致类似就可以，并不需要追求参数的一致。

复制颜色的渐变通道。粘贴到反射和环境的纹理通道中，如下图所示。

选择高光属性，调整如下图所示。

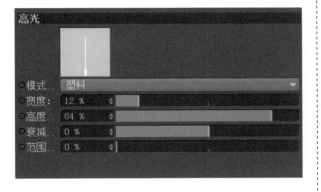

3.2.4 折射环境的使用

① 天空环境球制作

新建材质球，在[发光]属性的纹理栏中添加贴图，打开光盘中的文件"Romantic Diamonds\Source\BW_refl.jpg"。

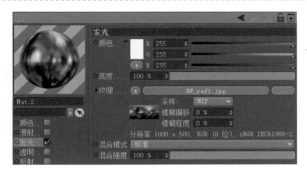

单击按[✳]图标，创建[◎天空]对象，然后将之前调好的材质添加到[◎天空]上，如下图所示。

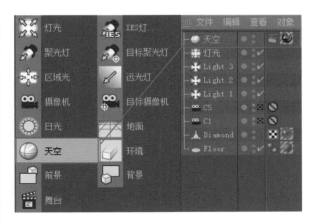

设置完毕后，再次渲染，效果如下图所示。钻石上便多了更多的折射细节。

② 合并反光板

选择菜单[文件]—[合并]，选择光盘中文件"Romantic Diamonds\C4D\reflector board"，将反光板导入场景中，如下图所示。可以看到两个反光板明暗有区别，这是为了反射和折射出来的效果更加丰富而设计的。

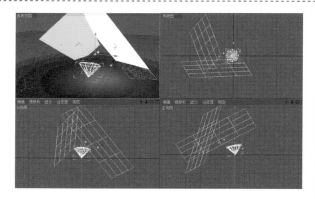

再次渲染后效果如下图所示。

3.2.5　焦散的调节

框选场景中的3盏灯光，在[属性]窗口中选择[焦散]栏，勾选[表面焦散]选项，如下图所示。

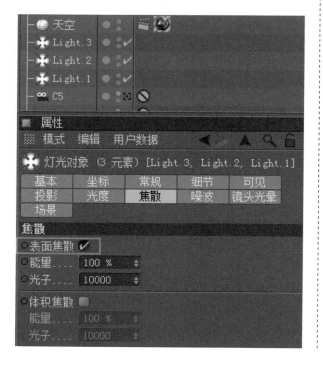

单击[■渲染设置]图标，在空白处右键选择[焦散]选项，如下图所示。

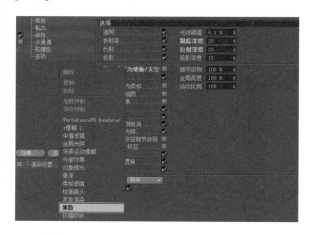

选择完毕后调整焦散设置，如下图所示。

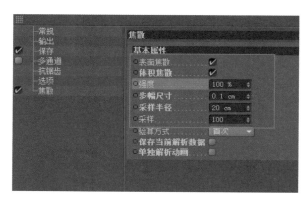

渲染结果如下图所示。可以看到地面上有了光线透过钻石而产生的焦散效果。

3.2.6　钻石镜头输出

打开[■渲染设置]，右键单击空白处选择添加[全局光]效果，调整抗锯齿级别，如下图所示。

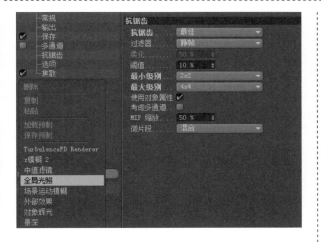

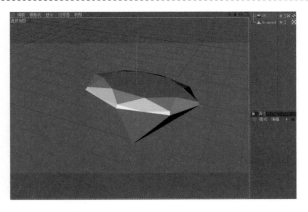

分两次将摄像机C1和C5分别渲染输出。如下图所示。

C1 镜头渲染结果　　　　C5 镜头渲染结果

因为钻石是具有透明属性的材质，所以导致它的Alpha通道并不是实心的，为了方便后期的制作，我们需要保留一个完整的钻石Alpha通道。

将此工程另存一份用来单独渲染C5镜头的Alpha通道，只保留场景中除了摄像机和钻石模型，将其他所有物体和材质删除，如下图所示。

打开[🎬渲染设置]，开启[Alpha通道]选项，选择存储路径输出，如下图所示。

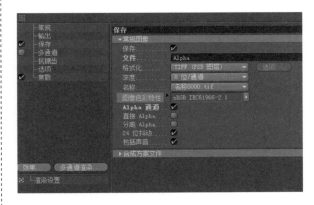

最终渲染可参考光盘"Romantic Diamonds\C4D\Rendered"文件夹下的图像。

3.3 After Effects 制作部分

3.3.1 分镜 01 的合成

❶ 钻石的基础合成

将C4D渲染输出的文件导入到AE中。也可从"Romantic Diamonds\Rendered"中打开，如图所示。

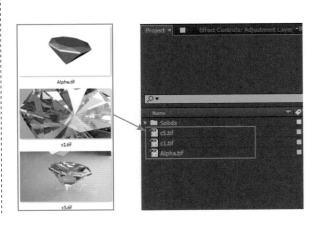

先制作C1镜头的分镜。将文件"C1.tif"选中拖入[合成标签]中创建合成。如下图所示。

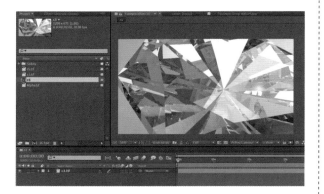

在时间线窗口中，将"C1.tif"层复制一份，移动位置、旋转和缩放，如下图所示。

使用Mask遮罩绘制区域后调整羽化属性，如下图所示。

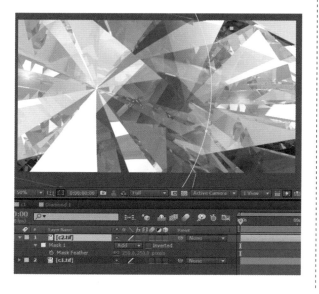

添加特效Brightness & Contrast(亮度与对比度)，选择菜单[Effect]—[Color Correction]—[Brightness & Contrast]，为此层增加亮度。具体调节如下图所示。

调整结束后，选择时间线上的这两层，右键选择[pre-compose]预合成，快捷键为<Ctrl+Shift+C>。将此层命名为"Diamond 1"，如下图所示。

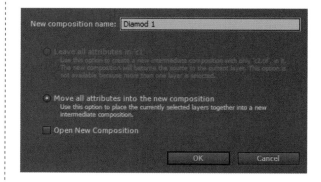

❷ 光斑粒子制作

新建一个Solid固态层（Ctrl+Y），命名为"particle"，添加特效Particular，选择菜单[Effect]—[Trapcode]—[Particular]，如下图所示。

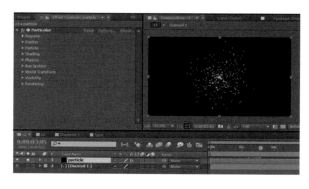

提示：Particular是Trapcode公司开发的一款第三方粒子插件，请确保正确安装此插件。

调整[particular]参数，设置如下图所示。

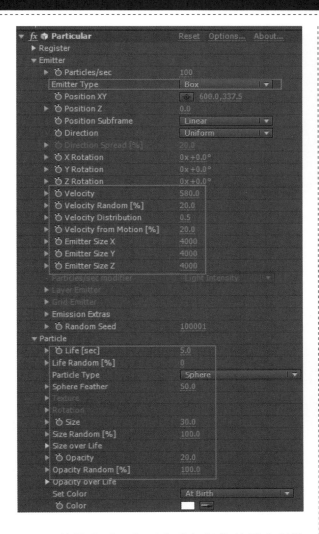

调整结束后，即可完成初级的粒子光斑效果。如下图所示。

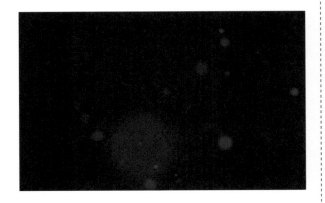

为了方便后期调整，将此光斑层预合成，如下图所示。

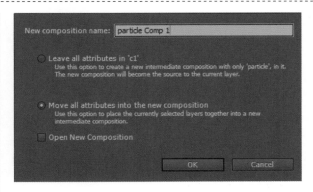

因为钻石的构图上需要右下角的粒子光斑多一些，所以将右下角用Mask遮罩控制起来，如下图所示。

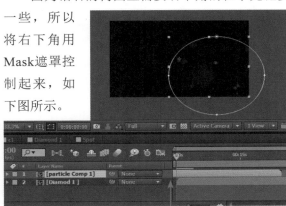

提示：移动合成时间线，直至画面粒子数量到满意为止。

再将此层复制一份，新层不需要Mask遮罩，所以将Mask遮罩删除，然后移动此层的时间线位置，让画面均匀地铺上粒子光斑，如下图所示。

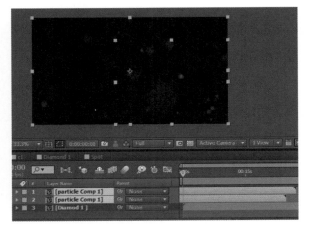

将这两层的[混合模式]切换为[ADD]，如下图所示。

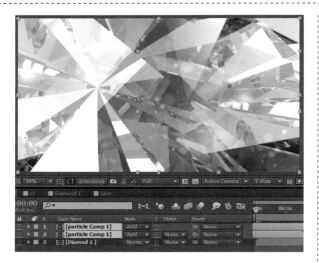

❸ 光效合成

新建一个Solid固态层，命名为"Lens Flare"，添加光效插件Optical Flares，如下图所示。

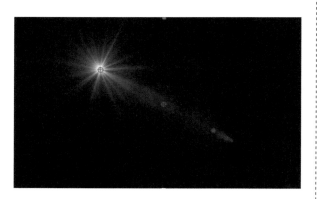

提示：Optical Flares是著名的Video Copilot公司开发的一款第三方光效插件，请确保AE正确安装此插件。

将光效的光源移动到左边钻石的中心区域，将[混合模式]切换为[ADD]，如下图所示。

为画面添加一些文字点缀。在工具栏中选择T文字工具，在下图所示位置分别输入"Angle"和"Diamond"，字的颜色为50%的灰色。

选择文字"Diamond"，添加特效Fast Blur（快速模糊）选择菜单[Effect]—[Blur&Sharpen]—[Fast Blur]，模糊的数值为3，并将"Diamond"文字层的透明度调整为70%，调整后效果如下图所示。这样文字就会显得更有层次，富有细节，画面上趋于柔和。

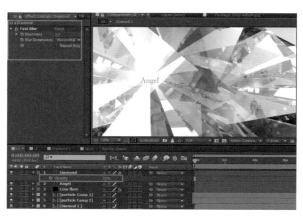

再次创建一个Solid固态层，命名为"Shine"，添加特效Optical Flares，在特效面板中单击Options后会弹出独立面板，如下图所示。

单击窗口上方的[Clear All]，将目前的光效删除，然后在右下方的资源窗口中选择[Spike Ball]，如下图所示。

在右方的[Editor]编辑窗口中，调整[Spike Ball Controls]栏下的参数，具体参数调节如下图所示。

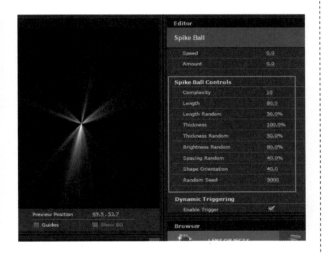

调整结束后，选择[OK]按钮，将[混合模式]切换为[ADD]，在时间线窗口中，将"Shine"层复制出多个，把光合理的移动到钻石各个区域的交叉位置，如下图所示。

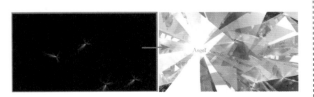

❹ 画面的调节

为整体色调做一个优化处理，稍亮一些可以让画面显得更加有剔透的光泽感。

新建一个Adjustment Layer调节层，快捷键为<Ctrl+Alt+Y>，添加效果Brightness & Contrast，选择菜单[Effect]—[Color Correction]—[Brightness & Contrast]，将亮度提高，如下图所示。

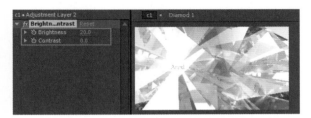

为了将视觉聚焦于中心区域，可以通过后期手段模拟景深的虚化效果。再次新建一个Adjustment Layer调整层，添加效果Fast Blur快速模糊，选择菜单[Effect]—[Blur&Sharpen]—[Fast Blur]，利用模糊制作景深效果，模糊数值为8，具体调整如下图所示，并绘制Mask遮罩，让模糊只在左边区域出现，然后将此层放置在"Diamond"层的上一层。

3.3.2 分镜05的合成

❶ 钻石的合成

从项目窗口中将文件"C5.tif"选中拖入[合成标签]中。如下图所示。

新建一个纯白色的Solid固态层放在"C5.tif"层的下方，然后用Mask遮罩将"C5.tif"的边缘控制，如下图所示。

从项目窗口中将"C5.tif"和"Alpha.tif"放入时间线中，将"Alpha.tif"放在"C5.tif"层的上方作为"C5.tif"层的蒙版，如下图所示。

将这两层Pre-Compose预合成，并命名为"Diamond 5"。将钻石的饱和度和亮度调整得更高一些。为其添加效果Hue/Saturation，选择菜单

[Effect]—[Color Correction]—[Hue/Saturation]，调整参数，如下图所示。

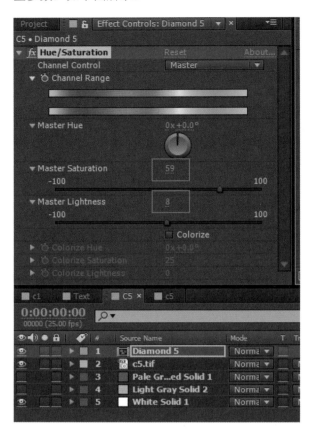

为了让钻石的右边更加明亮一些，将"Diamond 5"层复制一份，将[混合模式]切换为[Screen]，并用Mask遮罩控制，如下图所示。

② 钻石倒影的制作

为钻石制作一个倒影，将"Diamond 5"合成导入时间线中，反转钻石移动位置，如下图所示。

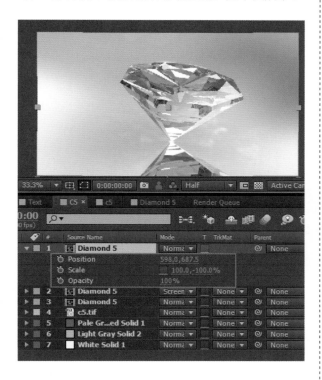

修改透明度为30%并加入效果Fast Blur，数值调整为8，如下图所示。

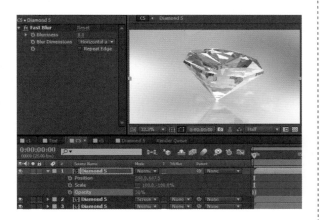

③ 背景的绘制

为背景制作深度感，建立灰色的固态层，放在"C5.tif"层的下方，用Mask遮罩控制，如下图所示。

再次建立暗灰色的一个固态层，放在"C5.tif"层的下方，用Mask遮罩控制，如下图所示。

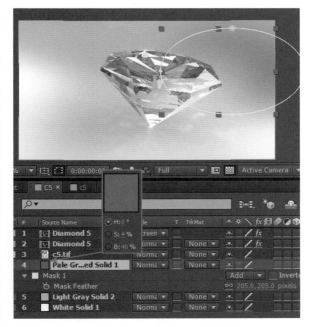

④ 文字点缀

使用文字工具在如下图所示位置分别输入"New"和"Style"，作为画面的装饰。

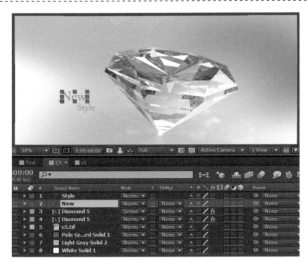

使用白色的固态层配合Mask遮罩制作文字周围点缀的光斑，如下图所示。

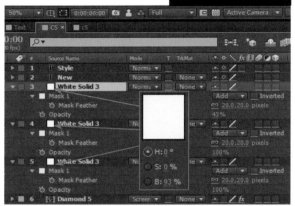

为了使文字显得更有层次，降低"Style"文字透明度，加上效果Fast Blur快速模糊，具体调整如下图所示。

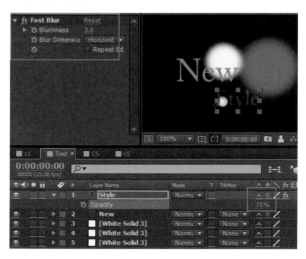

将这5层文字点缀效果预合成，命名为"Text"，效果如下图所示。

3.3.3　钻石与水的融合

❶ 素材的导入

将光盘中"Romanticdiamonds\Source"所有文件导入进AE项目窗口中，如下图所示。

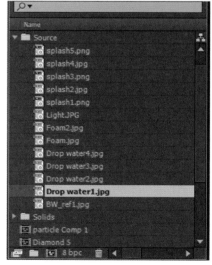

❷ 钻石质感的加强

从刚才的导入文件中找到图像"Light.jpg"，将其导入时间线，添加效果Tint（着色）为其去色，选择菜单[Effect]—[Color Correction]—[Tint]，如右图所示。

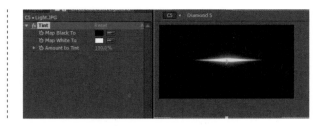

将"Light.jpg"层复制出几份，调整它们的位置、缩放和旋转，放在钻石的棱角处，如下图所示。

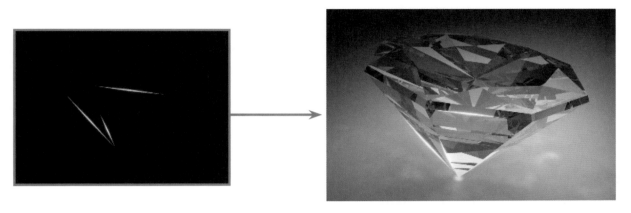

❸ 水的合成步骤

以下步骤都是使用Source文件夹下的水素材，利用Mask遮罩控制并调整变换后合成到钻石上。如素材中背景为黑色时将[混合模式]切换为[Screen]，具有Alpha通道的素材保持混合模式不变。下图中，左下区域的图为原始素材，左上区域的图为使用Mask处理并且调整变换后的效果，右边区域的图为合成后的效果。

在时间线窗口中导入"Splash3.png"和"Splash5.png"的水花素材，使用Mask控制水花的边缘，调整后放入到钻石表面。

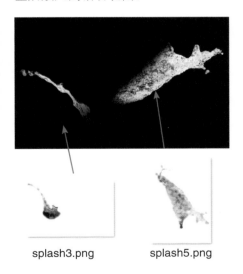

splash3.png　　　　splash5.png

在时间线窗口中导入"Drop water4.jpg"素材，使用Mask取出水滴部分画面，调整后放入到钻石表面。

Drop water4.jpg

在时间线窗口中导入"Drop water3.jpg"素材，使用Mask取水滴溅出部分画面，调整后放入到钻石表面。

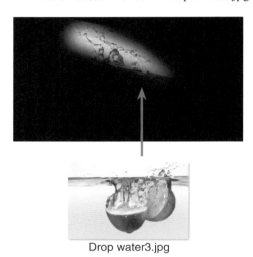

Drop water3.jpg

在时间线窗口中导入"Drop water4.jpg"素材，使用Mask取水滴溅出部分画面，调整后放入到钻石表面。

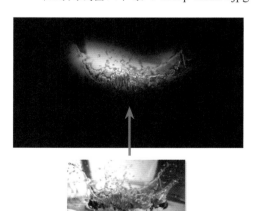

Drop water4.jpg

　　在时间线窗口中导入"Drop water2.jpg"素材，使用 Mask 取水滴溅出部分画面，调整后放入到钻石表面。

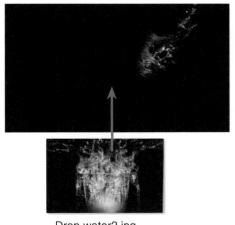

Drop water2.jpg

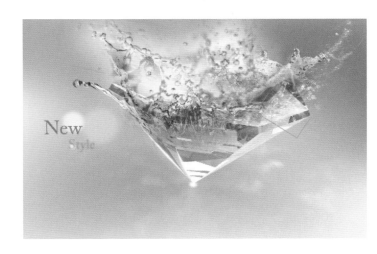

　　在时间线窗口中导入"Splash1.jpg \ Splash4.jpg"和"Splash3.jpg"素材，将它们组合后，调整放入到钻石的顶部区域。

Splash1.jpg　　Splash4.jpg　　Splash3.jpg

　　在时间线窗口中导入"Foam2.jpg"和"Foam.jpg"气泡素材，调整后放入到钻石的周围区域。

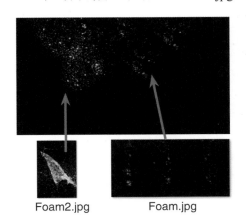

Foam2.jpg　　　Foam.jpg

　　在时间线窗口中导入"Drop wate1.jpg"和"Splash2.jpg"素材，调整它们的水花部分，组合后放入到钻石附近的背景上。

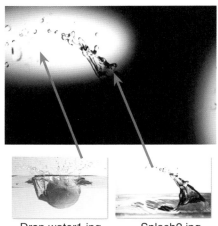

Drop water1.jpg　　　Splash2.jpg

将上述步骤的背景水滴图层放置在"C5.tif"层的下面，如下图所示。

3.3.4　为画面合成光效细节

❶ 使用光效为钻石增加质感

使用C1镜头中用到的光效"Shine"复制到5镜头中，同样为钻石折射的交叉区域添加一些光效增强质感，如下图所示。

调整后效果如下图所示，注意观察画面的右上角，稍微有些发黑。

❷ 使用固态层调整画面

创建白色Solid固态层，用Mask遮罩控制它的边缘并调整透明度，如下图所示。

同样将上节中C1镜头使用到的光效"Lens Flare"层，复制到C5镜头中调整位置，如下图所示。

将Solid固态层[混合模式]切换为[ADD]，调整后效果如下图所示。

③ 添加光斑为画面增加细节

将上节C1镜头中用到的Particle光斑合成，放入到C5镜头合成的时间线中，调整它在时间线上的位置，为C5镜头添加一些粒子光斑。如右图所示。

④ 使用调整层为画面调色

创建一个Adjustment Layer，添加特效Brightness & Contrast（亮度与对比度），选择菜单[Effect]—[Color Correction]—[Brightness & Contrast]，具体调节参数如下图所示。

本章介绍

本章主要对文字动画部分进行讲解，学习如何用三维软件
与合成软件配合制作绚丽的动态效果。

本案例重点

- VIVO S1 智能手机开机动画的创意思路
- 三维金属字的制作技巧
- 蒙版的使用技巧
- 焦散的使用
- 使用 Genarts sapphire（蓝宝石插件）制作文字光效
- 使用 Particular 粒子插件制作元素动画
- Optical Flares 为画面制作光效细节

4.1　VIVO S1 开机动画案例解析

4.1.1　品牌简介

VIVO 智能手机是步步高电子旗下相对独立的手机品牌，经过数年的准备和研究，VIVO品牌和产品于2011年11月正式上市推广和销售。VIVO定位于热爱生活、追求自我、渴望认同的群体，打造拥有精致、个性、潮流的卓越外观；专业级的音质享受；令人惊喜充满乐趣、易用的用户体验；以及超越期望的、创新的、主流应用的优化和整合的智能手机。

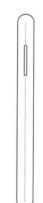

4.1.2　项目需求

如今的用户和开发厂商越来越关注产品整体的使用体验，视觉环节同样是重要基础。VIVO新款智能手机上市在即，开机动画是用户接触到产品品牌的最早元素之一，对品牌价值的提升有着重要的引导作用，而旧版动画的风格已经无法匹配目前的审美需求。经过多年积淀，步步高手机品牌在相关的设计上不断追求更高价值感、设计感、创意性和精致程度，其中感知价值、国际化感觉也需要随之提升。

项目名称：VIVO S1 手机开机动画
服务客户：步步高
项目尺寸：720×1280
项目时长：7 秒

4.1.3　创意思路

VIVO是依托于母品牌步步高电子旗下的风格相对独立化的子品牌，其主要产品为3G智能手机。产品定位于为消费者提供移动互联网的极致化、差异化产品体验，以及乐趣和激情活力的情感体验。

经过对VIVO S1产品的品牌定位分析，我们提炼出个性和品位、价值观、活力、科技感等几个主要关键词。

在元素的提炼上，我们最终选用点线拼凑的视觉图案、广阔神秘的星云和运动中的星体，以此作为开机动画的主要演绎元素。阵列排列的点线画面会让人联想到处理器硅晶电路原型，具有极强的科技感。星云代表着浩瀚的宇宙，在星云中蕴藏的玄机充满了无穷的可能性，是人类渴望探索的终极领域。运动星体意喻着新鲜的活力，在运动中带出的拖尾充满了速度冲击感，在画面上很大程度地增强了视觉冲击力。

最终，我们将搜集到的元素融入VIVO智能手机开机动画的设计方案中，并且提供了两套不同的色彩方案。第一套的暖色版突出了多彩的视觉冲击感，在一定程度上减弱科技感带来的冷静，从而充满热情。第二套的蓝色版的主色调以科技感环境所特有的冷色调来烘托，看上去会更加的酷和客观，配合上动势的演绎，整个画面充满流畅的动力和科技感。

VIVO S1作为步步高新的智能手机型号，以凸显科技感为主要元素，尽量脱离V1版本的品牌形象，客户最终选定为蓝色的主色调具有更强科技感的版本。

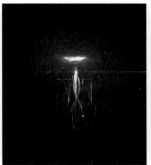

4.2　Cinema 4D 制作部分

4.2.1　三维字的制作与动画

❶ 导入LOGO曲线

打开光盘中的"VIVO_S1_opening\C4D\VIVO_curves.c4d"工程文件，可以看到场景中已经有做好的摄像机和文字曲线。

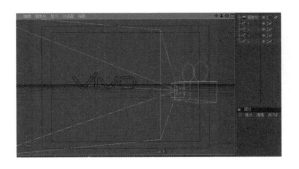

❷ LOGO模型字的制作

对象面板中选择命名为V的曲线，然后按住键盘<Shift>键，选择创建[挤压NURBS]。此时[挤压NURB]在[曲线]的子栏中，如下图所示。此步操作方便对齐中心点。

选中[挤压]，将坐标栏下的位移X、Y改为0。更改后挤压与曲线的空间位置已经

对齐。

设置倒角类型，将
[封顶]栏下的[顶端]与
[末端]卷栏设为[圆角封
顶]，[半径]设置为0.5。
如右图所示。

将[挤压]与[曲
线]的子父级调换，效
果如下图所示。

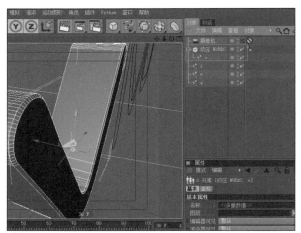

现在一个三维字的模型就做好了，然后使用
相同的方法将剩余的三维字完成。如下图所示。

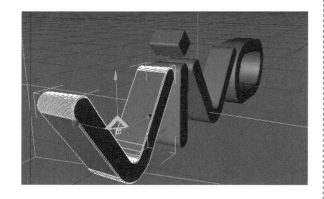

提示：注意检查模型的中心点是否居中，倒
角是否一致。

❸ MoGraph 制作旋转动画

选择菜单[运动图形]下的[分裂]，将模型

拖曳至[分裂]
的子集中，如右
图所示。

在对象面板中
选择[分裂]，为
模型添加MoGraph
简易效果器，单击
菜单[运动图形]—[效果器]—[简易]。

选择[简易]，取消[位置]控制，将[旋转]勾
选，分别在0帧和80帧的H方向，设置180与0的关
键帧。

右键关键帧
属性，选择[动
画]—[显示函数
曲线]。

打开后，选择首帧，键盘组合键<Alt+S>
（也可右键选择柔和曲线），将动画曲线调整如
下图，使动画由运动逐渐静止。

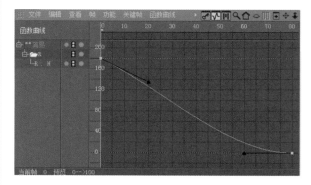

4.2.2　Mograph 制作灯光阵列

❶ 创建灯光路径

单击[曲线]菜单创建[圆环]，修改[坐标]参数Y:200，Z:-85，使[圆环]的下方平行于文字模型，如下图所示。

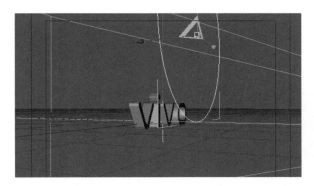

单击菜单[运动图形]—[克隆]，选择[克隆]，在[模式]下拉卷栏中切换为[对象]，从对象窗口中将[圆环]拖曳至对象栏中，如右图所示。

❷ 创建灯光与光源动画

创建一个泛光灯，单击[灯光]图标，在对象面板中将灯光拖曳至克隆的子栏中。如下图所示。

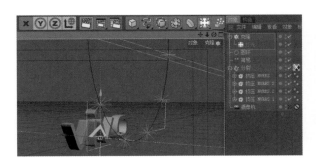

选中克隆，然后在菜单中单击[运动图形]—[效果器]—[随机]。将此[随机]的变换位置数值改为X:0，Y:50，Z:0。如右图所示。

选中[圆环]，在属性[坐标]旋转轴上B方向分别在0帧和80帧的B方向，设置60与0的数值。

调出曲线编辑器，右键将[样条类型]修改如下图所示。

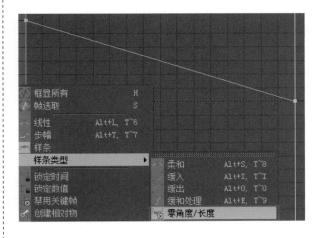

4.2.3　金属材质的调节

❶ 材质的制作

创建一个基础金属材质，双击材质栏新建材质球，命名为"Metal"，参数调整如下图所示。

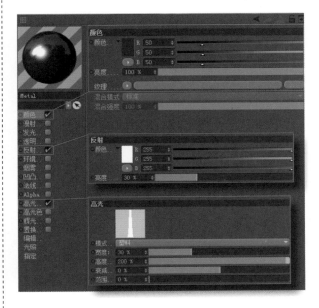

创建一个倒角材质，将"Metal"材质再复制一份，重命名为"bevel"，只调整[反射]属性，参数调整如下图所示。

创建一个正面材质球，将"Metal"材质再次复制一份，重命名为"front"，只调整[颜色]与[反射]属性，参数调整如下图所示。

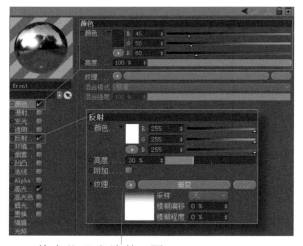

单击纹理右边的 图标，选择[渐变]，调整参数如下图。

❷ 赋予模型不同的材质

将做好的3个材质球拖曳到[分裂]上。

提示：注意先后顺序，Metal放在最前。

分别选择"bevel"和"front"材质，在标签栏更改参数，如下图所示。

提示：选集需要输入大写字母，R1、R2为正反面的倒角封顶，C1、C2为正面与背面。

渲染效果如下图所示。

4.2.4　天空环境的设置

❶ 环境的制作

新建材质球命名为"env"，在[颜色]与[发光]属性的纹理栏中添加贴图，打开光盘中的文件，位置为"VIVO_S1_opening\source\metal.hdr"。

单击[❋]图标，选择[天空]，将"env"材质添加到[天空]上。如图所示。

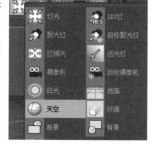

渲染效果如下图所示。

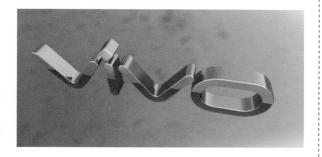

❷ 合成标签的使用

此时不需要在渲染中显示环境，在对象面板中右键单击[天空]—[cinema 4d标签]—[合成]。

选中[合成标签]，将[摄像机可见]关闭。如下图所示。

渲染效果如下图，此时背景就不在摄像机中渲染出来。

4.2.5　渲染输出设置

单击[渲染设置]图标，在弹出窗口中调整参数。如下图所示。

选择保存路径，命名为"vivo"。修改输出格式为Quicktime，如下图所示。

修改抗锯齿，调整如下图所示。

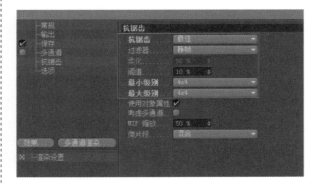

设置完毕后记得点开[摄像机]的可见按钮，完成后单击[渲染到图片查看器]图标输出吧！（也可以使用渲染队列输出）

渲染结果参考光盘，位置为"VIVO_S1_opening\rendered\vivo.mov"视频文件。

4.2.6　倒角蒙版的制作

最后，我们渲染Logo的倒角用作蒙版。选择"bevel"材质球，只启用[发光]。参数调整如下图所示。

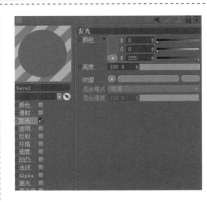

选择材质"front"和"metal"，将材质球的所有属性关闭，渲染效果如下图所示。

修改渲染名称为"vivo_matte"，输出到保存的路径。

可参考工程文件"VIVO_matte.c4d"，在光盘中的位置为"VIVO_S1_opening\C4D\VIVO_matte.c4d"。

4.3　After Effects 制作部分

4.3.1　三维 LOGO 动画的后期

❶ 素材导入

将之前在C4D中渲染输出的"VIVO.mov"和"VIVO_Matte.mov"文件导入到AE中，也可从光盘"VIVO_S1_opening\rendered"中打开。

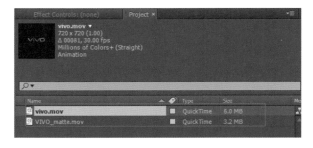

将两个文件框选，拖入[合成标签]中，设置如下图所示，单击[OK]按钮。

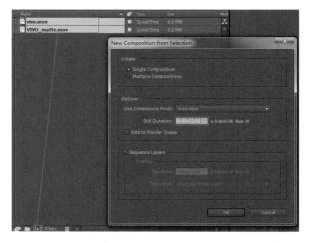

将此[Comp]重命名为"out line"。

❷ 添加特效

在时间线窗口中选择"VIVO_matte"加入特效Ketlight和Simple Choker，选择菜单[Effect]—[Keying]—[Keylight（1.2）]和[Effect]—[Matte]—[Simple Choker]具体参数如下图所示。

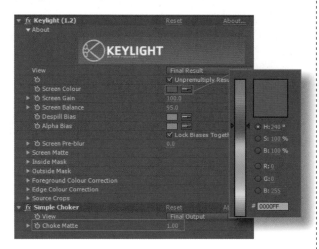

❸ 轮廓线的提取

将"VIVO_matte"层作为"VIVO"层的蒙版，如下图所示。这样就将VIVO的倒角部分扣了出来。

4.3.2　LOGO 轮廓线光效的合成

❶ 创建合成

新建一个合成（Ctrl+N），命名为"LOGO Evlution"，合成设置如下图所示。

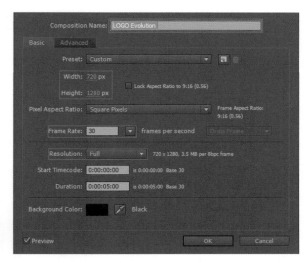

❷ 添加插件特效

从项目窗口中将out line合成拖入LOGO Evolution时间线窗口，更改层命名为"out line-Y"，依次加入特效S_TimeWarpRGB、S_Glow和Tritone，如下图所示。分别选择菜单[Effect]—[Sapphire Time]—[S_TimeWarpRGB]和[Effect]—[Sapphire Lighting]—[S_Glow]以及菜单[Effect]—[Color Correction]—[Tritone]。

提示：S_timeWarpRGB和S_Glow特效来自Genarts sapphir 插件包中。Genarts sapphire（蓝宝石插件）是一款强大的第三方插件，请确保AE正确安装此插件。

❸ 调整S_TimeWarpRGB

更改S_TimeWarpRGB（时间偏移色）特效参数。

提示：单独调整时，暂时将其他特效关闭。

调整后效果如下图所示。

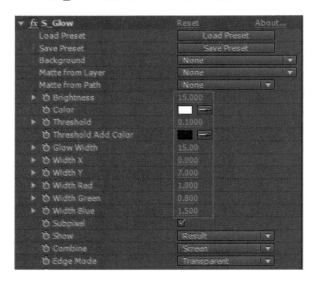

④ 调整S_Glow

将S_Glow特效打开，参考下图调整参数。

效果如
右图所示。

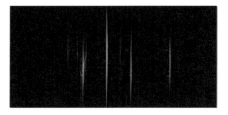

⑤ 调整Tritone

打开Tritone特效，使用它为光效上色，参考下图调整参数。

调整后效果如下图所示。

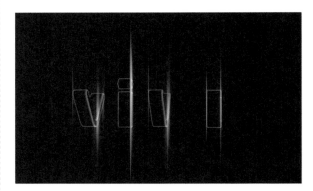

⑥ 添加新的轮廓线1

将"out line-Y"复制出一层，将此层重命名为"out line-X"，制作横向的文字光效，然后在特效面板中删除Tritone特效，再次调整S_Glow。参数调整如下图所示。

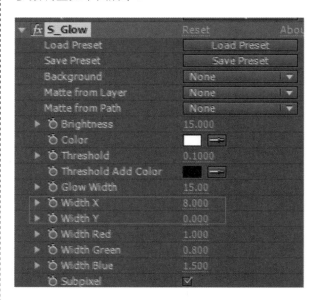

为特效S_Glow的Width X选项添加关键帧动画，制作出现与消失的效果，如下图所示。

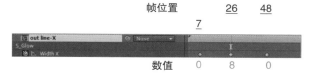

提示：按住
<Ctrl>键单击时
间码可切换显示
模式。

效果如下图所示。

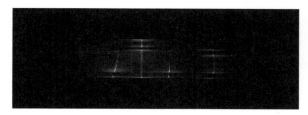

❼ 添加新的轮廓线2

再将out line-X复制出一层，制作一层辉光效果，重命名为"out line-Glow"，再次调整S_Glow。参数调整如下图所示。

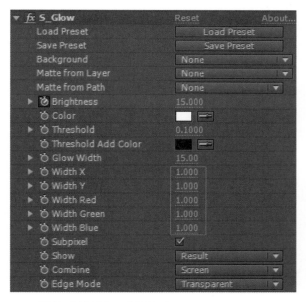

调整后效果如下图所示。

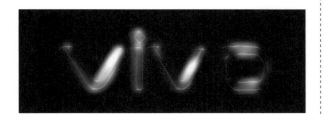

❽ 添加新的轮廓线3

再将"out line-Glow"复制出一层，制作一层分色偏移效果，该层重命名为"out line-RGB"，删除S_GLow特效，调整S_TimeWarpRGB参数如下图所示。

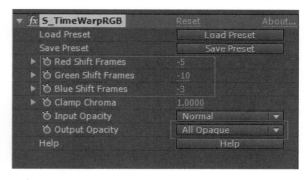

为此层特效制作关键帧动画，调整参数如下图所示。

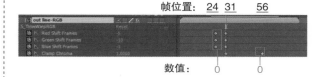

将做好的几层的[混合模式]改为[ADD]，如下图所示。

完成之后播放动画看看效果吧！

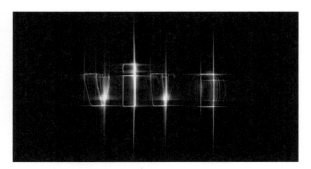

❾ LOGO厚度层的制作1

从项目窗口中将"vivo.mov"拖至[█合成标签]上，新建合成，如下图所示。

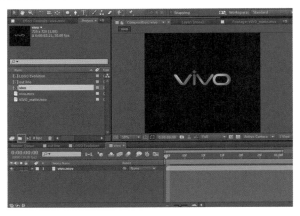

为此层加入特效Levels（色阶）。选择菜单[Effect]—[Color Correction]—[Levels]。参数调整如下图所示。

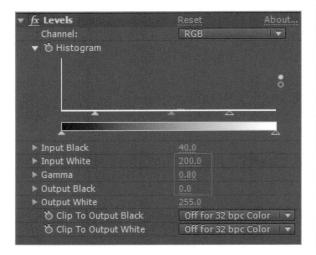

返回到LOGO Evolution合成，将VIVO合成拖进时间线中，层首帧放在第10帧的位置。将VIVO层重命名为"VIVO-Blance"。

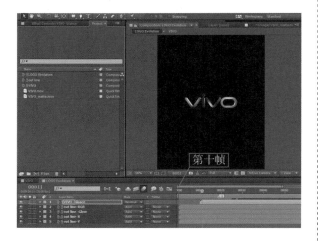

将带有厚度的文字变换颜色，为此层添加Color Balance特效。选择菜单[Effect]—[Color Correction]—[Color Balance]。参数调整如下图所示。

调整后效果如下图所示。

⑩ LOGO厚度层的制作2

将VIVO-Blance层复制，删掉已有特效，重命名为"VIVO-RGB"。

为VIVO-RGB层添加特效S_TimeWarpRGB和Tritone。选择菜单[Effect]—[Sapphire Time]—[S_TimeWarpRGB]和[Effect]—[Color Correction]—[Color Balance]。

特效参数调整如下图所示。

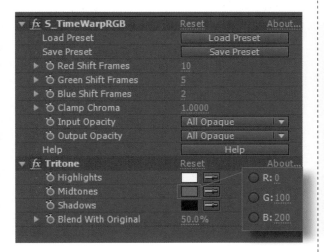

此步调整好后，效果如下图所示。

将VIVO-Blance和VIVO-RGB层的[混合模式]改为[ADD]。如下图所示。

打开光盘中的"VIVO_S1_opening\source\LOGO Evolution.psd"文件，拖入时间线中。然后给LOGO Envlution合成中所有的层制作透明度的动画，依靠你的感觉来控制吧！也可大致参考下图。

提示：红色标示数值为0，绿色标示数值为100。

调节完毕后，最终动画效果如下图所示。

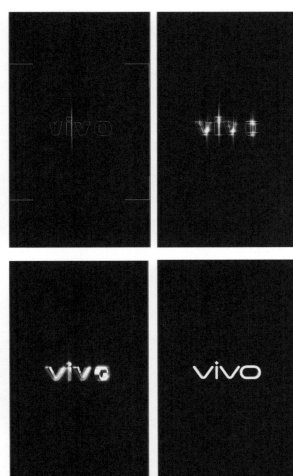

4.3.3 LOGO 轮廓线光效的合成 2

❶ 创建新合成制作元素

创建新的合成，取名为"LOGO anim"，如下图所示。将做好的LOGO Evolutin拖到此时间线上。

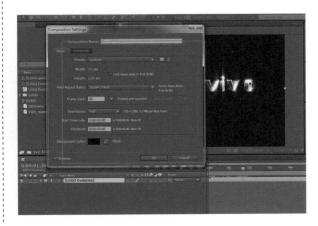

在项目窗口中导入"VIVO_S1_opening\
source"中的"point map.mov"与"line map.
mov"视频文件，并且拖到时间线上，关闭[可见]
选项（这两个文件用来做粒子贴图）。

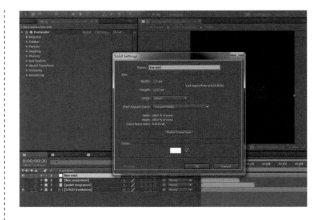

line map.mov　　　　point map.mov

❷ Particular粒子蒙版制作

创建一个Solid固态层（Ctrl+Y），命名为
"line emt"，如右图所示。加入特效Particular，
选择菜单[Effect]—[Trapcode]—[Particular]。

提示：Particular是属于Trapcode公司开发
的一款第三方粒子插件，请确保AE正确安装此
插件。

参数调整如下图所示。

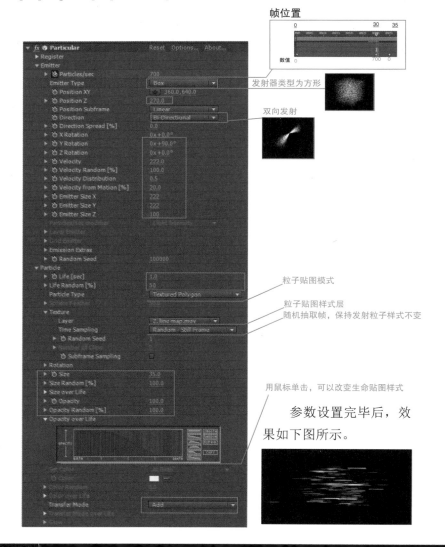

参数设置完毕后，效
果如下图所示。

❸ 粒子层的调色

为"line emt"层再次添加特效Glow和4-Color Gradient。选择菜单[Effect]—[Stylize]—[Glow]和[Effect]—[Color Correction]—[4-Color Gradient]。详细调整如下图所示。

❹ 添加粒子的细节

将"line emt"复制一层改名为"point emt"，[混合模式]切换成[ADD]，如下图所示。

更改"point emt"层的特效[Particular]，只调整下图框选中的参数。

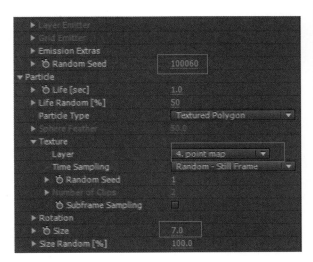

调整后，效果如下图所示。

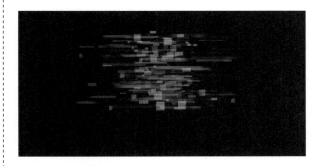

选中line map.mov、point map.mov、line emt和point emt 4层，将其预合成，按组合键<Ctrl+Shift+C>，命名为"Matte"，如下图所示。

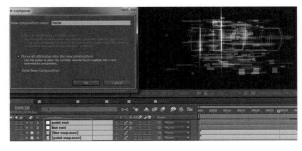

从项目窗口中将VIVO.mov拖到LOGO anim的合成时间线上，如下图所示。

为"VIVO.mov"层加入特效Levels。菜单[Effect]—[Color Correction]—[Levels]。参数调整如右图所示。

选择"matte"层将[混合模式]改为[ADD]，用"VIVO.mov"作为"matte"层的蒙版，如下图所示。

调整后效果如下图所示。

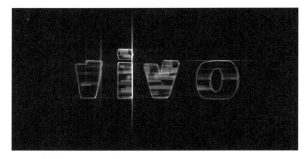

❺ 创建定版粒子元素

在项目窗口中将"matte"合成复制一份（选择matte合成按组合键<Ctrl+D>），重命名为"particular emitter"，如下图所示。

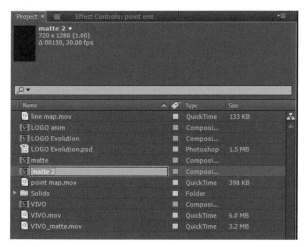

将"particular emitter"从项目窗口中拖到时间线上，[混合模式]切换为[ADD]，如下图所示。

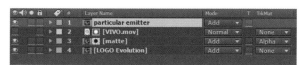

双击进入"particular emitter"层，这里我们要用到3层不同的效果来制作粒子的辅助元素，将"line emt"层复制一份，改名为"color fog"，如下图所示。

这3层都有[GLow]和[4-Color Gradient]特效，统一修改参数，参考下图。

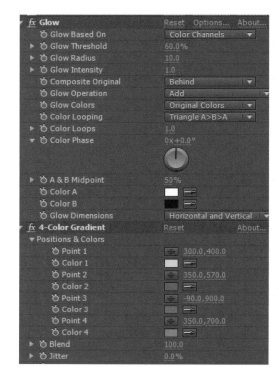

更改这3层的[particular]参数，调整参数如下图所示。

Point emt 层的 particular 参数调节如下　　line emt 层的 particular 参数

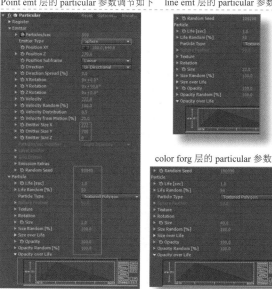

color forg 层的 particular 参数

为"color fog"层加入特效[Box Blur]，菜单[Effect]—[Blur&Sharpen]—[box blur]，调整参数如下图所示。

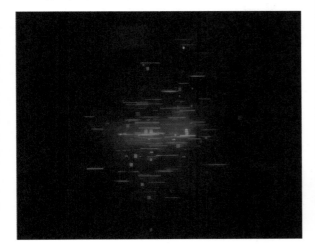

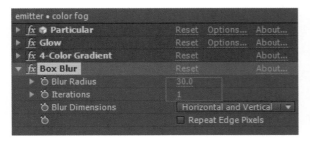

调整后效果如下图所示。

4.3.4 光效的细节制作

❶ 添加光效

新建一个Solid固态层，命名为"orange light"，加入特效[Optical Flares]，菜单[Effect]—[Video Copilot]—[Optical Flares]，然后将[混合模式]切换为[ADD]。

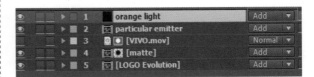

提示：Optical Flares是著名的Video copilot公司开发的一款第三方光效插件，请确保AE正确安装此插件。

打开[Optical Flares]的光效控制面板，选择光效，如下图所示。

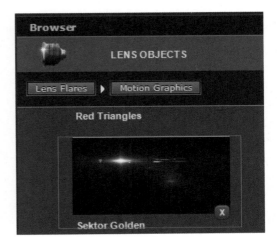

提示：其他未框选的参数保持和Point emt层一样即可。[particles/sec]粒子发射数量的关键帧分别在0，10，25帧上设置的数值为0，500，0。

回到LOGO anim合成中，将刚才调整好的"particular emitter"从项目窗口中合成拖到时间线上，[混合模式]改为[ADD]，效果如下图所示。

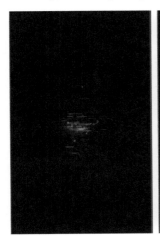

在这里，我们只需要使用到部分效果，在左边的层面板中，选择第二层单独显示它，单击SOLO。如下图所示，完成后单击[OK]按钮。

❷ 制作光效动画

调整光源到如图所示位置，并用Mask遮罩控制边缘，不要让它溢出太多。

提示：使用Mask遮罩时要增加一些羽化，在这里用的是120。

光效参数设置参考下图。

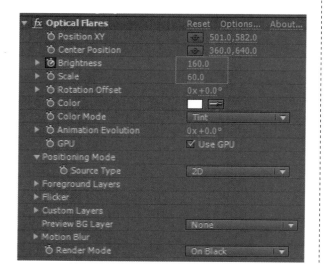

为Optical Flares的[Brightness]参数设置关键帧位置，如下图所示。

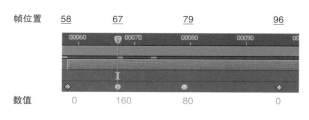

帧位置	58	67	79	96
数值	0	160	80	0

将"orange light"层复制一份，重命名为"blue light"，并且将层的时间延后。

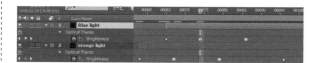

进入特效面板，将颜色改为青兰色，设置参考如下图所示。

调整后效果如下图所示。

❸ 添加整体的色调

创建一个Solid固态层，命名为"env color"，用它来混合所有的合成元素，让它们看起来更加的协调统一。颜色选择为暗紫色，参数可参考下图。

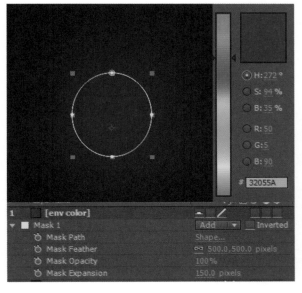

将图层的混合模式切换为[Add]，调整完毕后，我们对比一下效果看看吧！

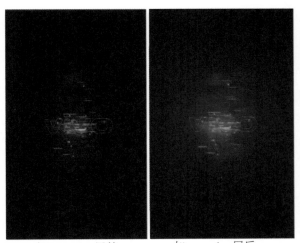

加 env color 层前　　　加 env color 层后

最后一步，调整"env color"层的透明度动画以及将4-7层的首帧位置放在20帧，如下图所示。这是为了顶层（env color层）的颜色提前出现做铺垫，然后再出现我们的动画。

env color 透明度数值　　0　　100　　50

好了！到这一步，VIVO定版Logo的动画与合成就制作完毕。最终效果可参考视频文件"Logo_anim.mov"，在光盘中"VIVO_S1_opening\Rendered\Logo_anim.mov"。

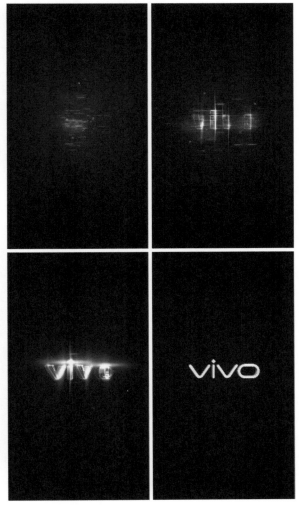

❹ 镜头的整合

创建一个新的合成，用来整合剩余镜头元素，如下图所示。

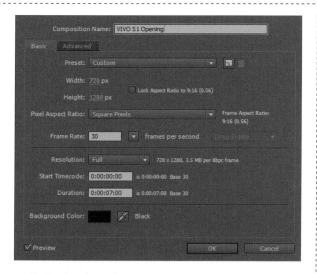

在项目窗口中导入Other layer文件夹下的视频文件，在光盘中"VIVO_S1_opening\Sourece"。

然后将Other Layer的所有层以及合成好的Logo anim定版动画放入时间线中，将它们的混合

模式切换为[Add]，如下图所示。

将各层在时间线中合理分布，如下图所示。希望通过这个步骤，大家能够很好地理解VIVO S1智能手机开机动画由哪些部分所构成，其中主体元素、辅助元素、装饰元素是画面中主要存在的视觉信息。除此以外，还有增强冲击感的光效部分以及混合环境氛围的色彩层。

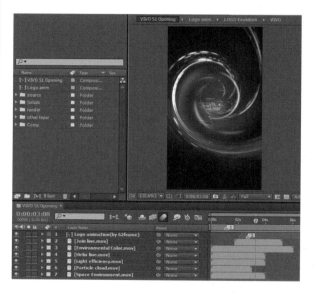

第 5 章
海口综合频道呼号

本章介绍

本章主要对关键技术点——光线效果进行讲解，并通过使用
用户数据的链接，快速完成多条线条的制作技巧。

本案例重点

- 海口综合频道整体包装的创意思路
- 使用模型折射制作光效
- Xpresso 制作快速调整的用户数据
- 线条动态执行
- C4D 与 AE 的无缝衔接
- 特殊的蒙版制作
- 光线的合成与镜头衔接方法

5.1 海口综合频道呼号案例解析

5.1.1 品牌简介

　　"海口综合频道呼号"是海口综合频道整体形象设计的重要组成部分。呼号是一个频道形象的灵魂，通常以频道标示为主题，进行抽象或具象的视觉演绎，并辅以音效口号加深频道品牌在观众心中形成的形象。海口综合频道定位于丰富热情的海岛气质，用不断推陈出新的内容吸引观众，展现旅游城市的浪漫风情。

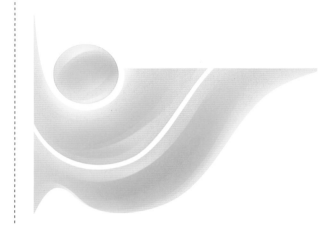

5.1.2 项目需求

　　"海口综合频道呼号"的视觉演绎着重于表现频道台标，通过抽象化元素将台标的视觉形象进行丰富的延伸，并在整体的视觉表现中表达出海口综合频道的精神气质。

　　项目名称：海口综合频道呼号

　　服务客户：海口电视台

　　项目尺寸：720×576 PAL

　　项目时长：15秒

　　YIYK为海口综合频道设计的2012年频道整体视觉形象如下图所示。

5.1.3 创意思路

　　海口综合频道作为全国最大经济特区海南省会的电视台下属频道，时刻用精彩的节目内容吸引观众的眼球，播出形式丰富多样，在海南拥有较大影响力。

通过对品牌的分析，我们提出主要的改版方向为热情、认知度和延续价值感。热情主要是传达外在气质，作为中国最大的旅游岛屿，海南拥有着极强的包容性，总以热情的姿态欢迎外来游客。认知度是品牌的主要目的，增强频道台标的视觉形象，以此深入人心。延续是改版方案的重要使命，依旧保留整体的形象基础符号，在原品牌形象基础上升级、加强整体的视觉体验。在呼号的设计中，将以海口综合频道的标示作为主要演绎对象，通过视觉的感官体验让观众感受到频道所传达出的热情姿态。

通过频道标示上的圆球形和流线形态，我们提炼重组，将标示上的图形进行拆分得出了红色水晶球与充满力量感同时又具有柔和气质的红色光线。

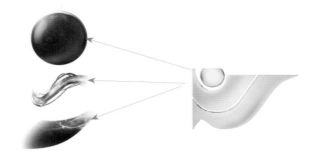

将视觉元素融合在风格图当中，使用橙色与红色的搭配烘托整个画面的氛围，使得画面看上去充满热情。

5.2　Cinema 4D 制作部分

5.2.1　线条运动主路径制作

❶ 制作基础路径

创建一个螺旋线作为线条的主路径。如下图所示。

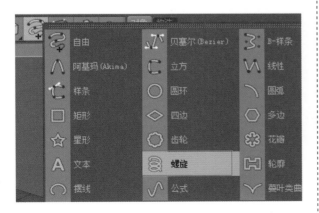

将螺旋线重命名为"Main Path"，并调整[属性]栏下的参数，如下图所示。

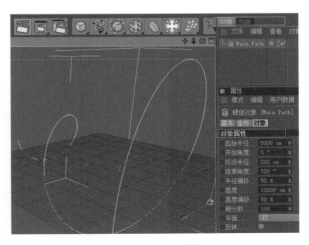

❷ 使线条附着在路径上

再次创建一个螺旋线，命名为"Path"，如下图所示。

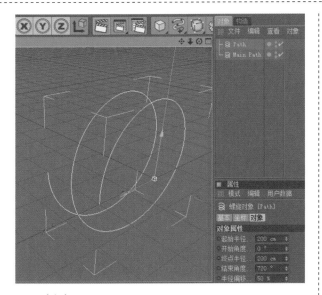

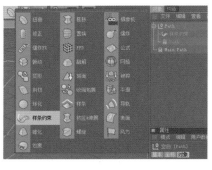

创建一个[样条约束]，然后将"Path"螺旋线和样条约束打组，组名重命名为"Path"。如右图所示。

在对象面板中，选择[样条约束]，然后拖动"Main Path"主路径到属性面板的[样条]上，如下图所示。

此时"Path"路径被附着到了"Main Path"主路径上，因为轴向错误所以结果并不正确，如下图所示。

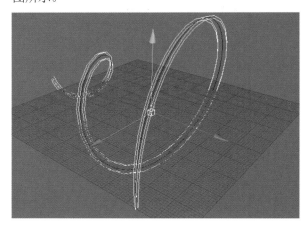

在对象面板中选择样条约束，将属性面板中的轴向改为+Z方向，如下图所示。

调整后的结果如下图所示。

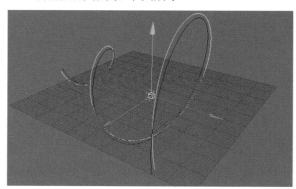

通过调整"Path"路径的对象参数，可以让路径盘旋的范围和圈数变得更大，如下图所示。

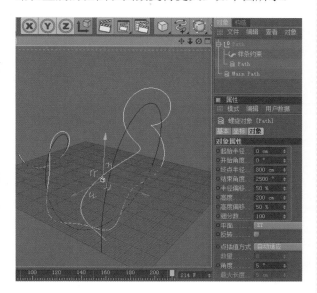

5.2.2 光线模型的制作

创建基础模型

创建一个长条形的[立方体]，调整它的尺寸和分段，如下图所示。

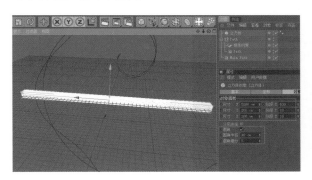

再次创建一个样条约束，并将其与[立方体]打组，并将此组重命名为"Line"，如下图所示。

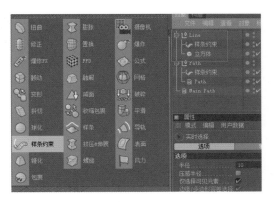

选中"Line"组下的样条约束，将"Path"螺旋线拖曳至对象属性中的[样条]下，如下图所示。

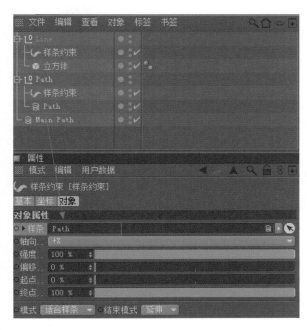

调整结果如下图所示。

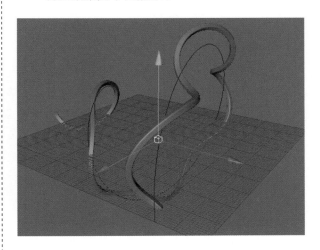

5.2.3 Xpresso 制作用户数据控制形态

❶ 创建Xpresson

当线条很多的时候，需要单独调整线条的路径和动画会非常的烦琐，所以这时候使用Xpresson制作用户数据快捷地调整线条形态和动画就很有必要。

将"Line"和"Path"组合并到同一组中，并且命名为"Helinx"，样条约束的名称也同样更名区分，如下图所示。

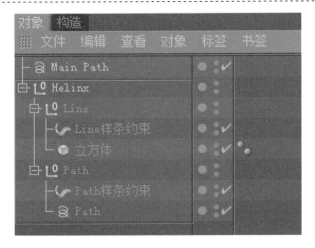

选择"Helinx"组，右键单击弹出菜单，创建Xpresson标签，如下图所示。

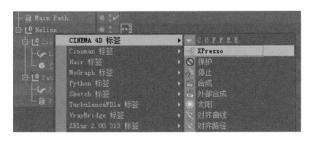

② 添加用户数据

因为模型的状态主要由"Line"样条约束属性中的[旋转栏]和[尺寸栏]所控制，所以需要使用Xpresson将"Helinx组"的[用户数据]连接到受影响的主要参数控制中，如下图所示。

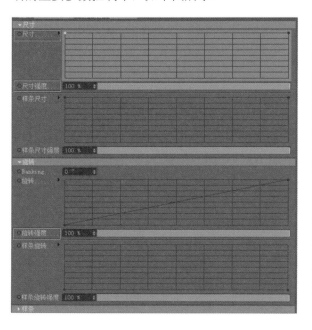

选中"Helinx"组，在属性窗口中选择[用户数据]—[编辑用户数据]，如下图所示。

在弹出的面板中单击[添加群组]按钮，将此群组更名为"模型"，如下图所示。

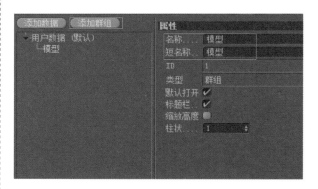

单击[添加数据]按钮，为模型群组下添加3项数据，分别命名为旋转、强度和尺寸，如下图所示。

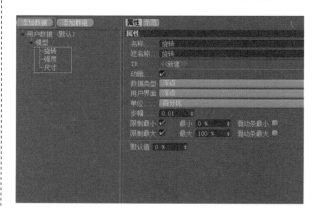

因为用户数据的[旋转]和[强度]需要对应到"Line"样条约束的[尺寸强度]和[旋转强度]。这两个数据控制类型为[浮点模式]，界面为[浮点滑块]，控制单位是[百分比]类型，默认值为100%，如下图所示。

③ 更改用户数据的类型

在用户界面中将[旋转]和[强度]的设置更改为下图所示参数。

因为有时候会使用比较大的数值，所以将强度和旋转的[限制最大]关闭，如下图所示。

与上步一样，用户数据的[尺寸]对应的是"Line"样条约束的[尺寸]，它的控制类型为样条，如下图所示。

在用户数据面板中将尺寸的数据类型切换为样条，如下图所示。

添加完成后可以在"Helinx"组的属性面板中看到新增的控制数据，如下图所示。

④ 使用Xpresson链接模型控制和用户数据

双击"Helinx"的[Xpresso标签]将弹出[Xpresso编辑器]，然后将"Helinx"组和"Line"样条约束拖入到[Xpresso编辑器]中，如下图所示。

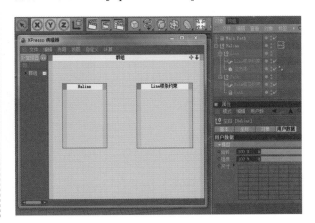

蓝色为输入端口，红色为输出端口。鼠标左键单击"Helinx"的输出端口，将刚才添加的用户数据旋转、强度和尺寸调出，如下图所示。

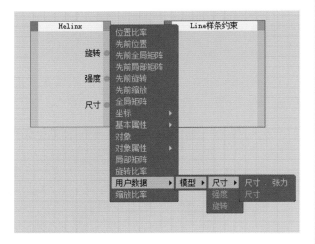

在"Line"样条约束的输入端口中分别添加对象属性的旋转强度、尺寸强度、尺寸3项，如下图所示。

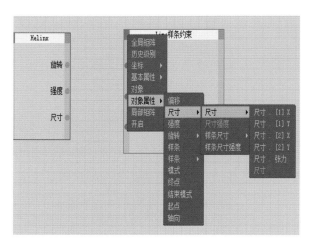

将"Helinx"和"Line"样条约束的输出端和输入端的各对象链接起来，如下图所示。

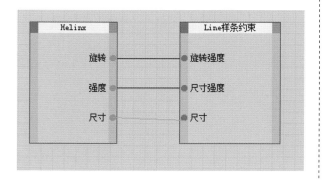

回到视图中，可以发现已经能够使用"Helinx"的用户数据来控制"Line"样条约束对应的数据了，如下图所示。

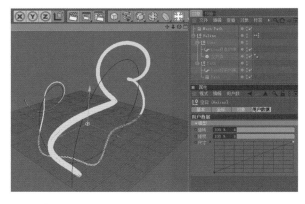

❺ 创建动画的用户数据

模型的动画数据主要由"Line"样条约束的[偏移]、[起点]和[终点]来控制，如下图所示。

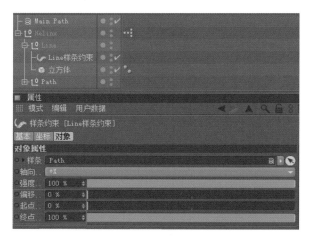

进入到"Helinx"的用户数据面板中添加一个动画群组，然后在组中添加数据，分别命名为偏移、起点和终点，如下图所示。

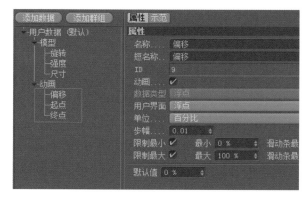

❻ 更改动画用户数据类型

从下图中可以看到，"Line"约束样条的3项数据控制类型为[浮点模式]，界面为[浮点滑块]，控制单位是[百分比]类型，其中[终点]的默认值为100%，其他两项则为0%，如下图所示。

Line 样条约束

选中偏移、起点和终点3项数据对象，将设置更改为如下图所示。

因为"Line"样条约束的[终点]默认值为100%，所以将用户数据的[终点]数据对象[默认值]修改为100%，如下图所示。

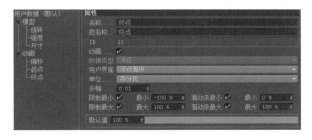

❼ 使用Xpresson链接动画和用户数据

在Xpresso编辑器中，将"Helinx"的输出端口的偏移、起点、终点数据对象分别调出，如右图所示。

将"Line"样条约束的输入端口中分别调出偏移、起点、终点，如下图所示。

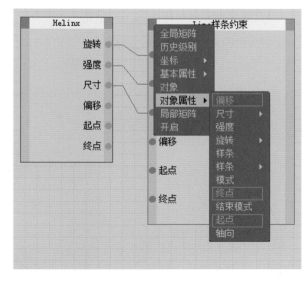

调整完毕后，将对应的输出端和输入端链接起来，如下图所示。

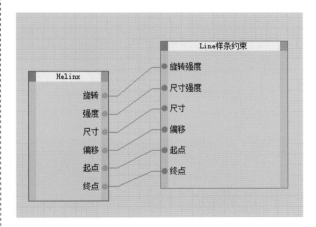

调整完毕后可以在Helinx组的用户数据栏中看到动画组的控制数据，如下图所示。

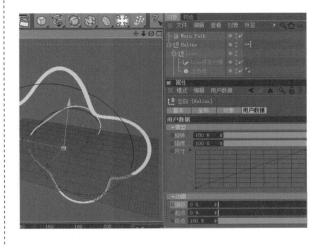

⑧ 创建控制螺旋形态的用户数据

螺旋线条的形态主要由"Path"组下的螺旋线所控制，在此我们使用如下图标示的4项数值来控制。

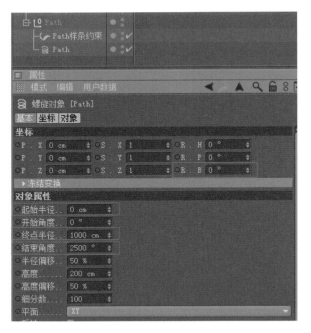

回到数据面板中，添加一个螺旋群组，并在子集添加4项数据，如下图所示。

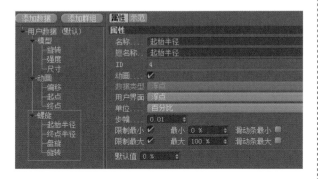

⑨ 修改用户数据类型

Path螺旋的[起始半径]和[终点半径]对应用户数据的同名数据对象。

Path螺旋的[起始半径]和[终点半径]数据控制类型为[浮点模式]，界面单位为[实数]，数据默认值分别为0和1000，如下图所示。

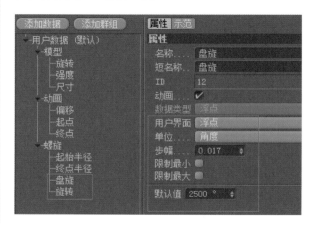

在用户数据面板中将[起始半径]和[终点半径]

更改为如下图所示参数，默认值保持和Path螺旋线的默认值一致，分别为0和1000。

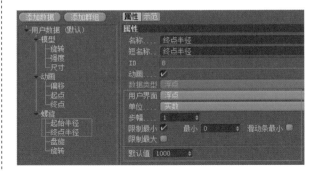

Path螺旋的对象属性[结束角度]和坐标[Rotation B]对应用户数据的[盘旋]和[旋转]数据对象。

Path螺旋的[起结束角度]和[Rotation B]数据控制类型为[浮点模式]，界面单位为[角度]，数据默认值分别为2500度和0度，如下图所示。

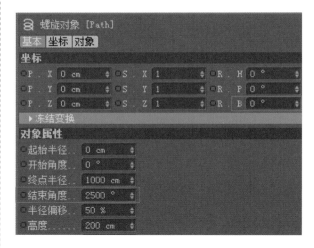

盘旋和旋转的设置修改如下图所示，其中默认值分别为2500度和0度。

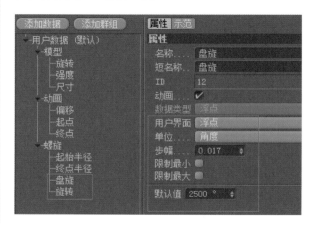

　　调整完毕后回到视图中，可以看到"Helinx"的用户数据中已经被添加了新的数据控制，如下图所示。

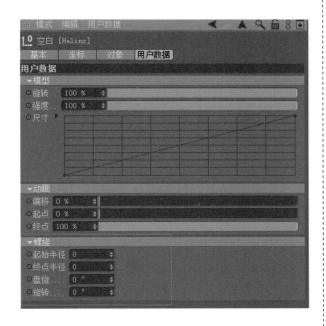

⑩ 使用Xpresson链接螺旋控制和用户数据

　　在[Xpresso编辑器]中将"Helinx"的输出端口添加新的4项用户数据，如下图所示。

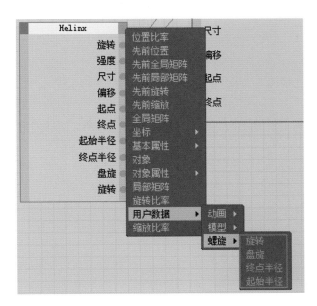

　　在[Xpresso编辑]中将对象面板的[Path螺旋线]拖入进来，并在端口中添加4项数据对象，如下图所示。

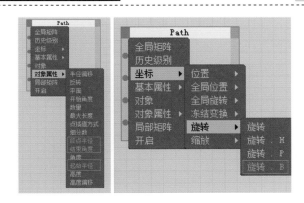

　　链接Helinx和Path的端口，如下图所示。

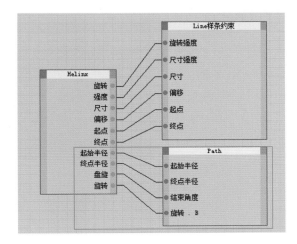

　　调整后如下图所示，现在可以很快捷地调整线条的各个关键部分。

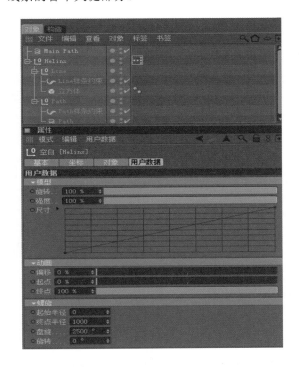

将Helinx复制出几份，调整各线条的用户数据可以快速地得到满足各种需求的线条状态，如下图所示。

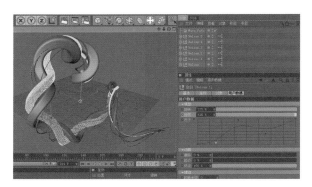

在这里我们用两个Helinx作为粗的主线条，另外4条细的作为辅助线条。如右图所示。

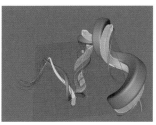

调整后文件可参考光盘中工程"HaiKou_Promo\C4D\Basic Helinx.c4d"。

5.2.4 光感线条的材质制作

❶ 创建线条材质

光线的材质是利用折射环境制作的。

创建一个材质球，命名为"Line"，只启用[透明]属性，将折射率修改为1.2，如下图所示。

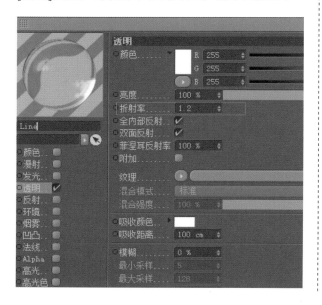

将所有的线条打组，将组重命名为"HELIX"，然后将"Line"材质赋予到此组上，如下图所示。

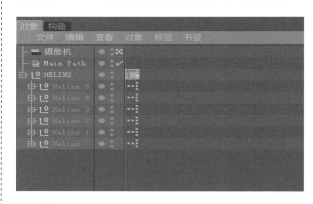

❷ 制作线条折射环境

再次创建一个材质球，命名为"Reflect"，只开启[发光]属性，在纹理上添加贴图ColorSoftBoxStudio.hdr，贴图文件在光盘的位置为"HaiKou_Promo\Source\ColorSoftBoxStudio.hdr"。

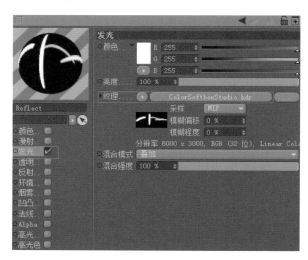

创建一个天空，并将"Reflect"材质赋予到天空上，如下图所示。

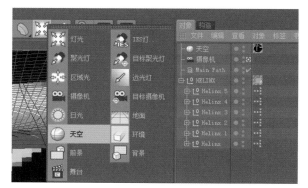

渲染结果如下图所示，效果已经有了雏形，不过颜色并不是项目所需要的。

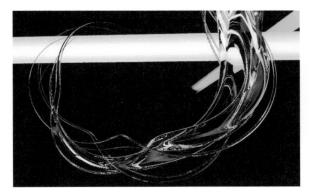

单击纹理旁边的⬛按钮，为纹理添加一个过滤器，如下图所示。

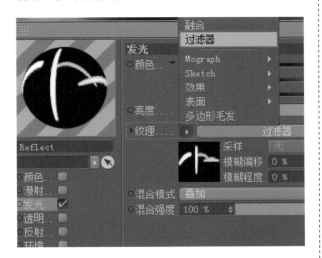

单击过滤器进入调节面板，将颜色修改为橙色，如下图所示。

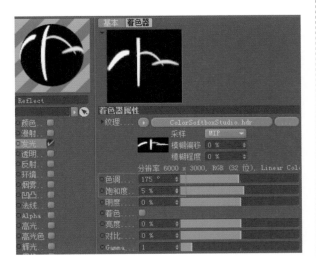

为了让折射更加丰富，将天空对象的坐标稍微旋转一下，如下图所示。

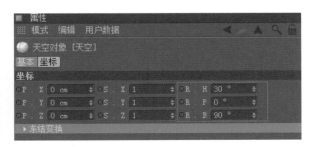

此时再次渲染，结果如下图所示。

在对象面板中右键单击[天空]，选择[合成标签]，如下图所示。

因为天空并不需要在渲染的时候显示，所以将[摄像机可见]关闭，如下图所示。

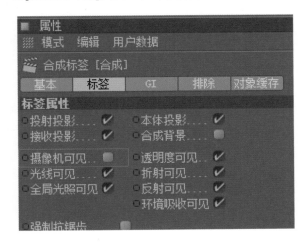

调整后的文件可参考光盘中"HaiKou_Promo\C4D\Materal Helinx.c4d"。

5.2.5 线条的动态执行

❶ 动态执行的准备

为了方便控制，需要将主路径做一些调整。

选中"Main Path"主路径，将细分数降低一些，如下图所示。

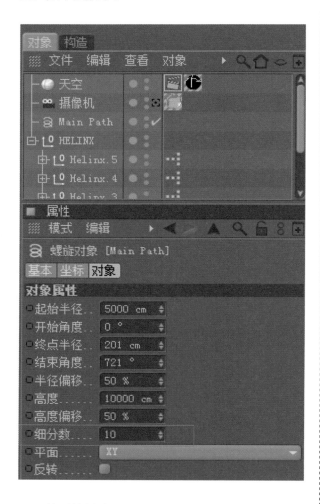

然后按键盘<C>键，将"Main Path"转为可以编辑对象，然后将[对象属性]的线条类型改为[立方]，如下图所示。这样就可以快速地将线条编辑成所需的样式。

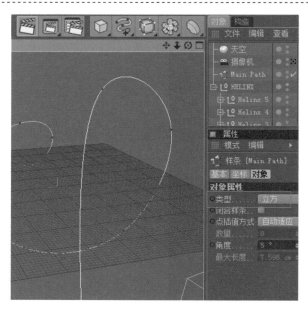

❷ 动态执行

在制作动态时，可以先将材质删除，方便调整，创建摄像机并摆好位置，然后调整"Main Path"主路径的线条，让画面的构图更加富有变化。如下图所示。

第三视角

创建一个球体，命名为"Ball"，然后添加[对齐曲线]标签，如下图所示。

然后将"Main Path"曲线拖曳至[对齐曲线]标签的[曲线路径]中，调整位置后，如下图所示。

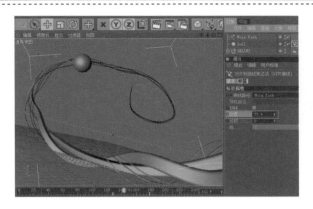

❸ 摄像机动画

摄像机动画最终效果在光盘中，位置为"HaiKou_Promo\Layer Out Demo\Layout_Camera.mov"。

在这里，使用的是父子组摄像机来控制动画，其中子集摄像机本身用来控制摄像机推移和摄像机的自身旋转，父组用来控制画面整体的位移，这样在制作摄像机时会更具可控性。如下图所示。

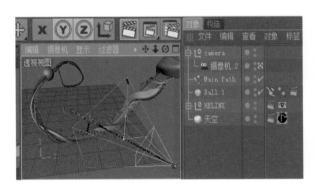

摄像机的Z轴推移动画曲线如下图所示，在图中可以看到，摄像机是在最初缓入到中间部分停留一段时间，然后开始加速推进。

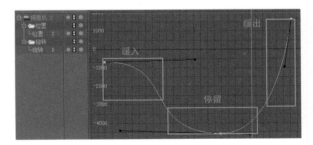

加入一些摄像机B轴方向的自身旋转效果，可以使摄像机不会显得太生硬。

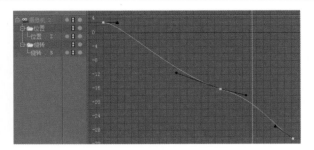

摄像机的父组移动位置如下图所示，主要是调整画面的中心位置。

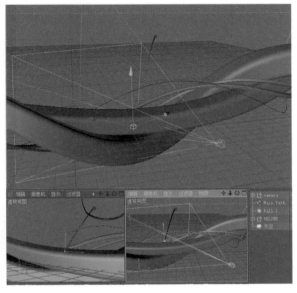

摄像机的各中间帧显示如下图所示。

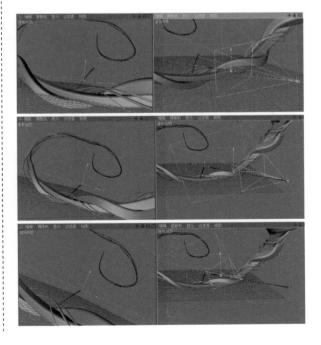

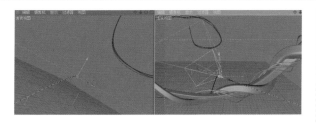

4 动画制作

动画最终效果在光盘中，位置为"HaiKou_Promo\Layer Out Demo\Layout_Anim.mov"。

线条的动态在这个镜头中只使用到了各线条Helinx[用户数据]的起点，如下图所示。

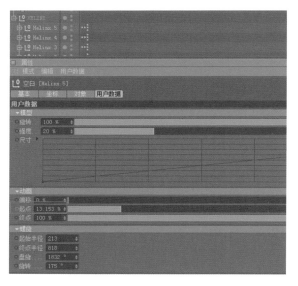

球体的动画是由[对齐曲线]标签下的[位置]属性所控制，如下图所示。

动画的各中间帧如下图所示。

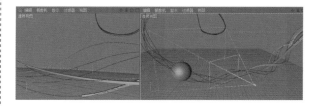

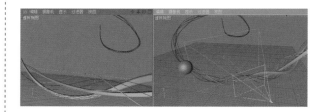

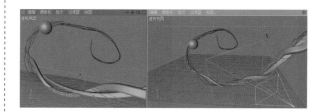

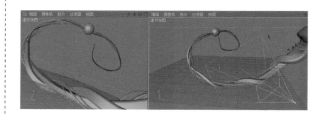

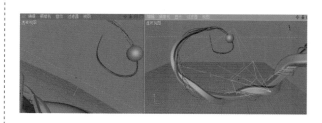

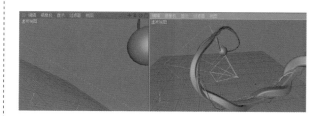

❺ 渲染输出

创建一盏泛光灯，用来跟踪数据。重命名为"Ball"，并将灯光强度改为0，如下图所示。

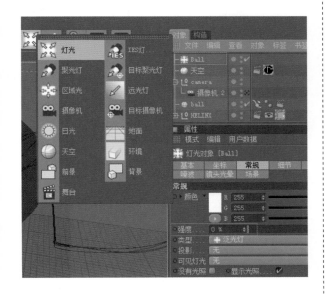

将"Ball"灯光拖入到"Ball"球体的子集中，关闭Ball球体的[启用]选项，然后将灯光的坐标数据都恢复成0，如下图所示。用来作为跟踪数据用的灯光就与"Ball"球体对齐了。

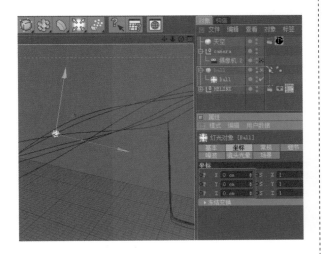

打开[🎬渲染设置]，修改[输出]分辨率为788×576，帧频为30，渲染帧范围0～130，如下图所示。

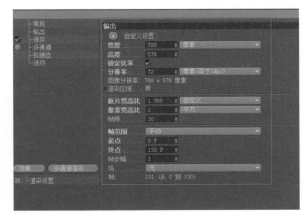

然后选择保存路径，打开合成方案（可以将摄像机以及球体数据保存成AE可读取文件），具体设置如下图所示。

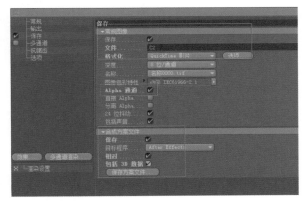

抗锯齿修改如下图所示。因为光线材质是使用模型折射的方法来制作的，所以对渲染的质量就会要求高一些，并且渲染的速度也会比较慢。调节完毕后开始渲染输出吧！

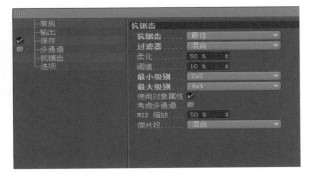

最终渲染文件可参考光盘中文件，位置为"HaiKou_Promo\Rendered\C2.mov"。

5.3 After Effects 制作部分

5.3.1 合成元素的整合

❶ 导入合成

打开AE，在项目窗口中导入刚保存的"C2.aec"合成方案以及素材"Ball.png"，素材在光盘中的位置为"HaiKou_Promo\Source\Ball.png"。并将素材Ball.png放入C2合成中，如下图所示。

❷ 修改层属性

在合成中将"Ball.png"层改为"3D"层，然后将父子关系链接到灯光"Ball"上，如下图所示。

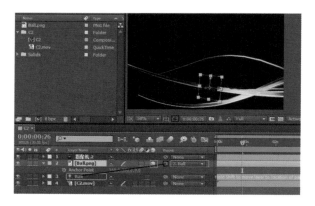

"Ball.png"层改为"3D"层之后变成了黑色，这是因为"3D"层受灯光的影响，所以如果没有灯光层就显示为黑色，在这里将[Accepts Lights]改为[Off]，如下图所示。

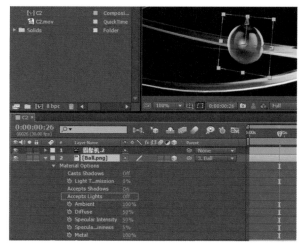

按<P>键呼出位移属性，位移属性都改为0，这样球便可以跟随灯光的位置一起移动。如下图所示。

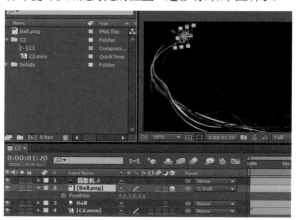

将"Ball.png"层改为"3D"层之后有了透视角度，所以需要让"Ball.png"层始终朝向摄像机。选择"Ball.png"层打开[自动朝向]功能，如下图所示。

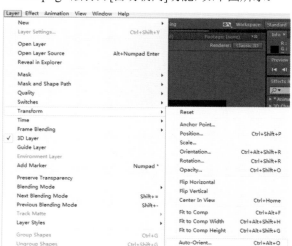

在弹出的面板中选择[朝向摄像机]，如下图所示。

5.3.2　使用蒙版消除多余部分

① 光线蒙版

将"Ball.png"层缩放到合适大小，在画面中可以看到有一些多余的线条。

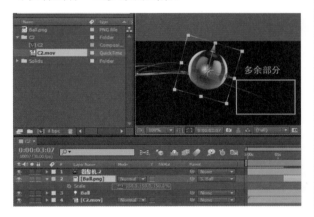

将"Ball.png"层复制出一份，将下面的一层重命名为"Matte"，调整此层的中心点和大小使其将多余的线覆盖，如下图所示。

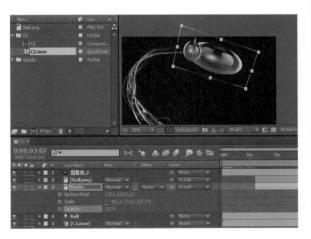

将Matte层的[混合模式]切换为[Silhouette Alpha]模式，这样就将多余的部分去除掉了。如下图所示。

5.3.3　光效的细节合成

① 光线蒙版

创建一个固态层命名为"light"，然后添加光效插件Optical Flares，并将颜色修改为橙色，如下图所示。

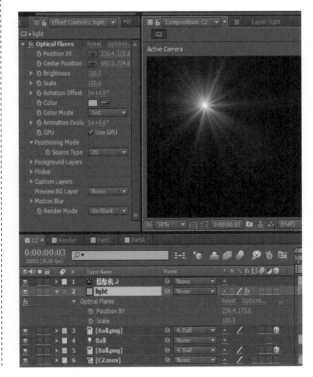

将Optical Flares的[位置类型]改为跟踪灯光 [Track Lights]，然后调整亮度与大小，如下图所示。

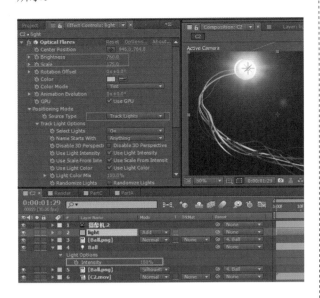

提示：如果光效没有起作用，检查一下灯光的强度。

❷ 合成光效

将"Ball.png"层再复制一份，放在"Light"层的上方作为它的蒙版，如下图所示。

然后将"Light"层的蒙版"Ball.png"缩小一些，加入Fast Blur特效，将边缘羽化。

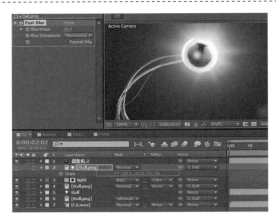

新建一个合成，命名为"all"，如下图所示。

在新的合成中导入镜头"A.mov"和"B.mov"，在光盘中的位置为"HaiKou_Promo\Other layer"。然后将刚才合成好的光线合成C2导入到此合成中，将所有层的混合模式切换为[ADD]，重新摆放它们在时间线上位置，将镜头衔接好，如下图所示。

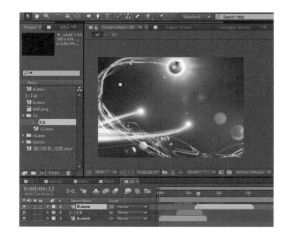

第6章
河南卫视 LOGO 演绎版权页

New....

本章介绍
本章主要对 LOGO 定版部分进行制作以及合成，学习如何使用
简单的办法制作水流运动的动画。

本案例重点
- 河南卫视整体包装的创意思路
- 特殊的三维水制作
- 利用渐变制作光线材质
- 焦散的使用
- 使用 Genarts sapphire（蓝宝石插件）制作文字光效
- 使用 Particular 粒子插件制作元素动画
- 使用 Optical Flares 为画面制作光效细节

6.1　河南卫视 LOGO 演绎版权页案例解析

6.1.1　品牌简介

河南卫视是河南电视台旗下的卫星频道，河南卫视定位于"文化卫视"，以具有中原文化特色的文化综艺节目为频道主打。Logo演绎是动态标示中的一种表现形式，并不单独针对某个功能，本章的Logo演绎被应用在河南卫视2012年的全屏版权页、ID、呼号等各个动态标示体系中，所以Logo演绎的表现形式并不局限于功能，而重在品牌形象传达。

6.1.2　项目需求

版权页的表现形式是使用频道的主体标示元素进行动态演绎，加强河南卫视台标的视觉识别性。本次视觉形象以高调、高级、简约、形象的视觉语言强化河南卫视的媒体特性与精神气质，有效构建河南卫视的既定品牌形象。

项目名称：河南卫视版权页台标演绎

服务客户：河南卫视

项目尺寸：720×576 PAL制+1920×1080 HD高清

项目时长：7秒

YIYK为河南卫视设计的Logo视觉形象如下图所示。

6.1.3　创意思路

原河南卫视台标采用橙色作为主色系，以"河南"两字的首写汉语拼音字母"H"和"N"变形为"大象"的外观，再让模拟卫星运行轨道的环状线环绕在"大象"上。在视觉形象体系中，颜色与图形是最直接的表达工具，要让它们尽量保持独立与简洁的原则，而原视觉标示中的色彩已被其他强势频道广泛运用，比如湖南卫视已经将橙色作为频道的主要视觉形象的重要理念，并在观众心中占据了一定地位。

这次为河南卫视频道设计的视觉形象体系中，我们将在选取的元素和动画表达上着力表现：律动、知性、亲切、明快、深度的情感诉求，让观众通过时尚、现代、简洁的视觉体验来感受频道带来的娱乐和文化精神，达到赏心悦目的效果，吸引更多的观众。

频道的主要颜色选用冷静客观的蓝色来作为标示色彩，并和河南卫视频道Logo形象相辅相成。加上辅助的一些金色可为画面增添精致与价值感，再使用紫色和红色增强时尚现代的气息。以此通过颜色表现河南卫视频道独立的视觉形象。

频道视觉色彩搭配

主色调：蓝色

辅助色：金色

根据场景镜头点缀色：紫色、红色(装饰作用，烘托情绪与视觉表现)

背景色：白色、黑色

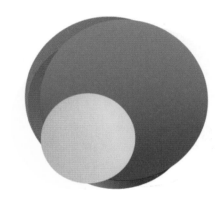

在保留原有Logo形态图案的前提下，最大限度地使Logo更具现代气息，让文化感与时尚感共存，对扩大收视受众群体有着积极作用，并延续之前版本Logo中的"大象"形象。在后续的视觉设计中，再选择流线型的线条作为主元素，并赋予Logo上的质感，以及使用水珠作为辅助元素，为画面增加一些灵动的剔透感。

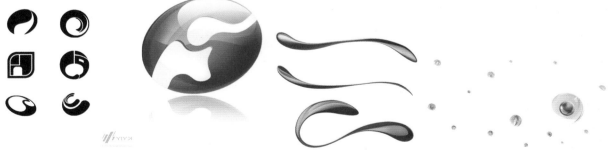

备选 Logo 方案　　　最终选定的 Logo 方案　　　线条状的主体元素　　　辅助画面的水珠

在最终的创意设计中，我们将变化多样的主体元素变换成中国传统的祥云图案，使得传统文化与时尚现代结合出符合当下审美的精致画面，让观众有了全新的感受和体验。在主体元素之外，还融入了剔透的水滴或者说是水泡，将象征着河南卫视形象的主体元素包容进去，并且让线条状的主体元素始终与河南卫视形象Logo结合在一起。

6.2　Cinema 4D 制作部分

6.2.1　水模型的动态制作

1 导入工程

打开工程文件Noise Object.c4d，在光盘中位置为"HeNanTV_Logo\C4D\Noise Object.c4d"，可以看到场景中有一个不规则形态的模型。

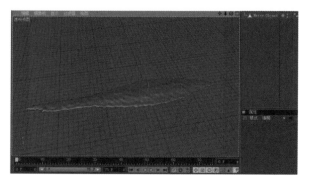

2 Logo路径制作

创建一个[⬤圆环]作为Logo的路径线，调整

[⬤圆环]的对象半径、坐标缩放和旋转，如下图所示。并更名为"1.Water"。

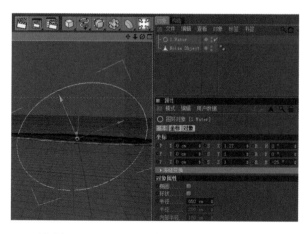

选择"1.Water"，按组合键<Ctrl+G>打组，这样圆环的坐标属性就被转换到群组上，将组名更改为"Path"，如下图所示。

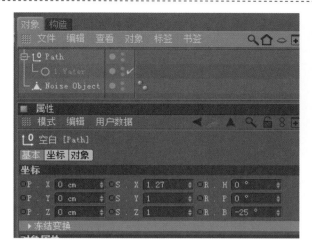

❸ 附着模型

创建一个[样条约束]和Noise Object放入同一组中,将组名改为"1.Water"(和圆环同名),如右图所示。

从对象面板中将[◯ 圆环]拖入到[样条约束]的对象属性[样条]中,然后更改旋转角度,如下图所示。

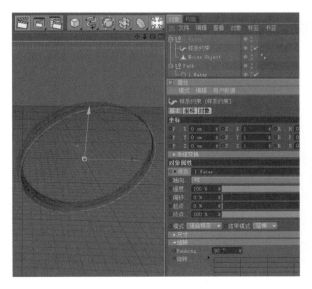

❹ 动态制作

创建一个摄像机,分别在0帧和70帧的位置设置0cm和-6000cm,这样就做好了摄像机拉伸动画。

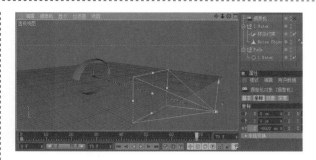

为了使透视效果好一些,将摄像机的焦点长度调至30。

选择Path组,在70帧的位置设置初始关键帧,然后退回到0帧,移动位置让模型一开始时贴近摄像机,如下图所示。

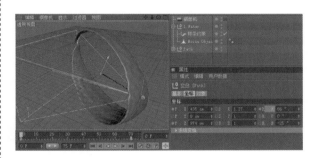

如果使用[样条约束]调整动画会出现逆时针旋转,这时在对象面板中选择圆环"1.Water",在属性面板中开启[反转],如下图所示。

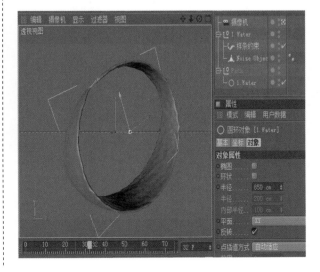

因为需要水的尾部随着时间的推移被拉长，所以选择[样条约束]，先将[模式]切换为[保持长度]，然后为[起点]制作关键帧动画，如下图所示。

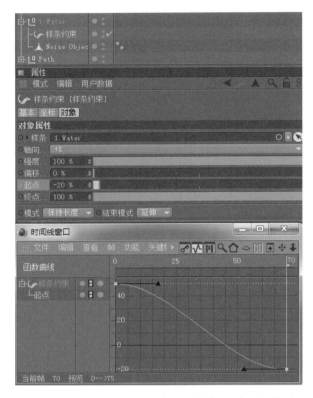

开始制作旋转动画，使用[样条约束]的[偏移]调整动画，如下图所示。

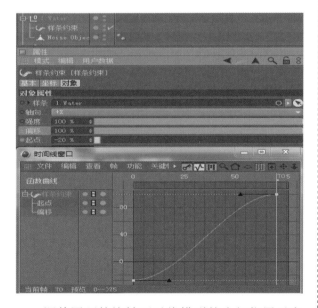

调整圆环的旋转可以将模型的头部位置对齐到摄像机处，如下图所示。

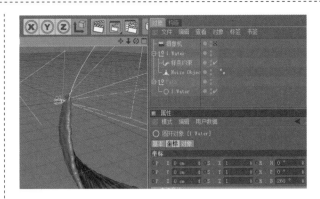

⑤ 水的材质制作

创建一个材质球命名为"Water"，关闭颜色选项然后调整[透明]、[反射]和[高光]，具体调整参数如下图所示。

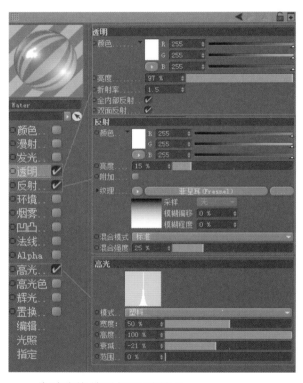

此时渲染结果如下图所示。

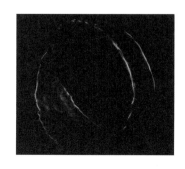

⑥ **添加反光板**

创建一个[平面]作为反光板，放在水模型的正上方，角度稍微倾斜一点，如下图所示。

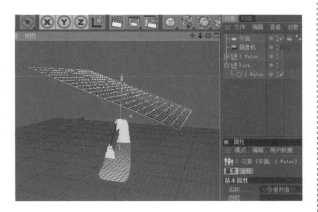

新创建一个材质，勾选发光，将材质赋予到平面上，如下图所示。

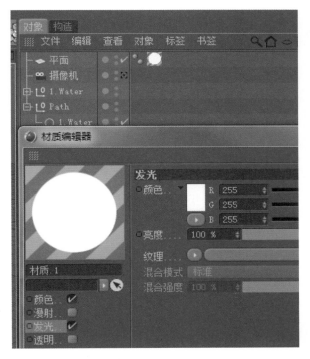

因为反光板在渲染中不需要显示，所以为平面创建一个[■合成标签]，将[摄像机可见]关闭，如下图所示。

此时再渲染如下图所示，可以看到模型顶部有了一些剔透的反射。

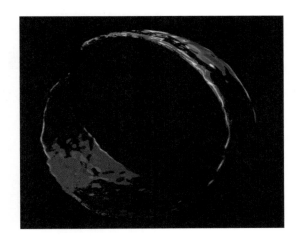

⑦ **环境的制作**

创建一个材质，只勾选[发光]属性，在纹理栏中添加贴图"studio003.hdr"，在光盘中位置为"HeNanTV_Logo\Source\studio003.hdr"，如下图所示。

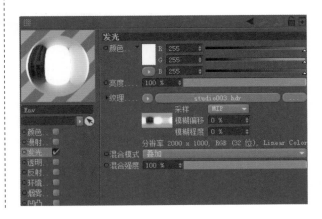

创建一个[天空]，然后将做好的环境材质赋予到上面，同样添加[合成标签]，将[摄像机可见]关闭，如下图所示。

再次渲染，效果如右图所示。

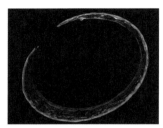

❽ **灯光的调节**

创建 4 盏泛光灯，摆放位置如下图所示。其中一盏顶部的灯稍微偏一点蓝色。可参考灯光文件"Scene_Light.c4d"，在光盘中位置为"HeNanTV_Logo\C4D\Scene_Light"。

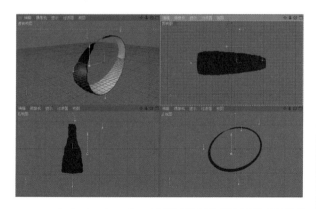

添加灯光后，渲染效果如右图所示。

调整结束之后，将此段动画渲染出来留作备用，命名为"Water"，如下图所示。

提示：本章示例均使用的是 788×576 的分辨率。

6.2.2　辅助线条制作

❶ **光线制作**

创建一个[圆柱]对象作为光线的模型，具体调整参数如下图所示。

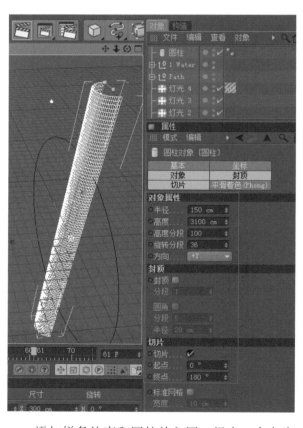

添加样条约束和圆柱放入同一组中，命名为"2.lines"。在"path"组下将"1.water"复制

一份，命名为"2.lines"，作为光线模型新的路径，如下图所示。

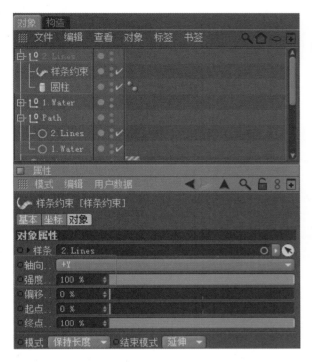

调整后如下图所示，模型附着到线上，然后创建一个材质，调整为橙色，颜色和发光属性为R:255\G:167\B:46，如下图所示。

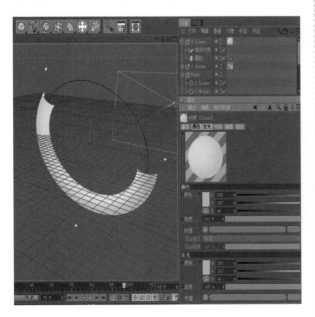

打开透明属性，在纹理栏中添加渐变，如下图所示，将模型的两头羽化透明。

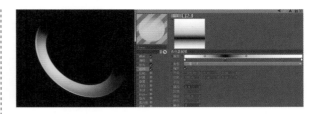

回到上一层面板中，在纹理栏中再添加[图层]属性，如下图所示。

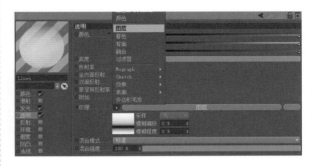

进入到图层属性面板中，单击[着色器]再次添加一个渐变，制作一些纵向的线条，如下图所示。

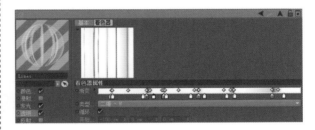

回到图层面板中，将[混合模式]切换为[屏幕]，如下图所示。

调整之后渲染结果如右图所示。

❷ 金色线条制作

创建一个立方体，使用长条形来做线条，具体参数如下图所示。

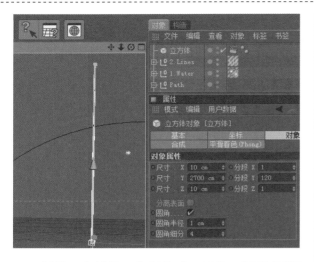

创建一个材质，命名为"Gold"，然后在[颜色]的纹理栏中添加[菲涅耳（Fresnel）]，调整渐变，如下图所示。

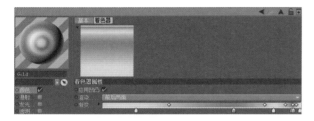

然后将做好的[菲涅耳（Fresnel）]，粘贴到[发光]属性的纹理栏中，并且调整发光的亮度与混合模式，如下图所示。

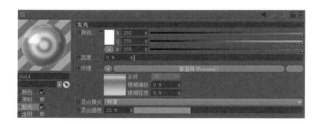

打开反射属性，调整参数，如下图所示。

修改高光与高光色，调整参数，如下图所示。

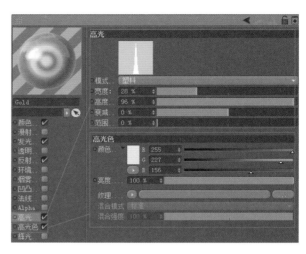

修改之后，将材质赋予到模型上，渲染后细节效果如下图所示。

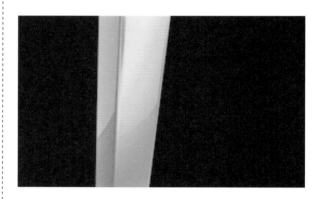

使用相同的方法复制"Path"组下的路径，创建[样条约束]，将模型吸附到新的路径上，如下图所示。

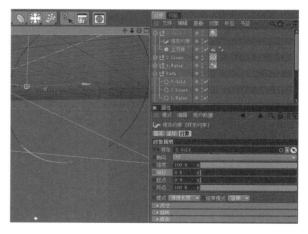

调整[样条约束]属性和各个对应的圆环路径的变换属性，为做好的光线和金色线条制作动态效果。

金色线条我们用了3条，如右图所示。可参考工程文件 "Lines.c4d"，在光盘中的位置为 "HeNanTV_Logo\C4D\Lines"。调整结束后隐藏水模型的渲染，单独将此段动态渲染出来，留作备用。

❸ 蓝色主视觉制作

创建一个胶囊对象，调整[缩放]属性将模型压扁，具体调节参数，如下图所示。

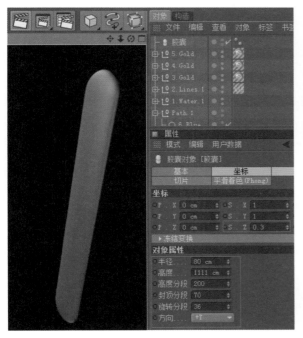

新建一个材质，命名为 "Blue"，调整颜色属性并添加菲涅耳（Fresnel），具体调节参数，如下图所示。

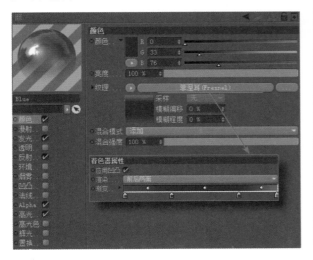

使用与之前相同的步骤，将模型吸附到线条上，如下图所示。

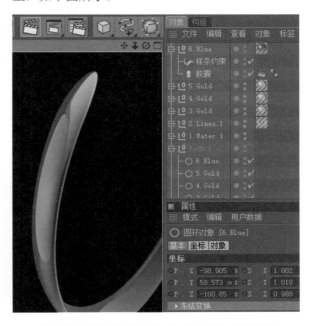

然后为蓝色线条制作动态效果，并调整出一共3条速度与形态稍微不同的线条，最终渲染效果如下图所示。完成后的效果可参考工程文件 "Final Motion.c4d"，在光盘中的位置为 "HeNanTV_Logo\C4D\Final Motion.c4d"。

为了方便后期调整，将蓝色的3条线独立渲染出来。

❹ 数据导出

渲染工作完成之后，接下来做一个灯光数据的导出，用来在AE中发射粒子和灯光。

创建一盏灯光命名为"Emitter"，然后添加一个[对齐曲线]标签，如下图所示。

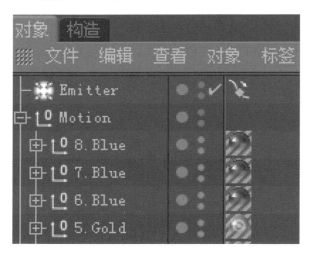

需要将灯光跟踪到水模型的头部，如果直接使用"1.water"的曲线，那么数值达到100%之后灯光就无法继续移动了，所以这里利用圆环自身的旋转加上对齐曲线的位置来控制。

选择"1.Water"层，复制出来一份，重命名为"Light path"。

然后拖曳路径"Light path"到[对齐曲线]标签的[曲线路径上]，如右图所示。并在0帧和70帧的位置设置关键帧0%和100%。

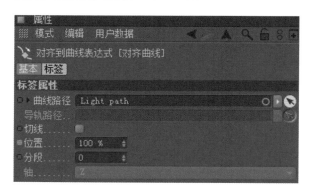

在时间线0帧位置，调整"Light path"圆环路径的旋转轴向，使灯光对齐到水模型的头部并设置关键帧，如下图所示。

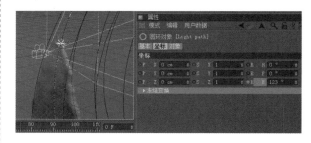

在70帧位置调整旋转轴向对齐到尾部，如下图所示。

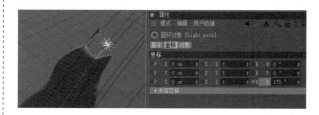

提示：在一些时间点上，灯光也许不在水模型的头部，这时可以利用动画曲线编辑器调整曲线，使灯光始终保持在水模型的头部位置。

完成后打开渲染设置，在[保存]栏中将数据导出，如下图所示。

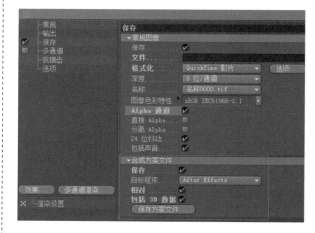

6.3　After Effects 制作部分

6.3.1　三维动态的合成

❶ 素材导入

创建一个合成，命名为"3D Comp"。设置参数如下图所示。

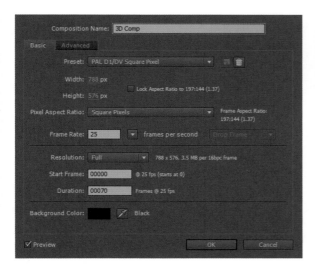

将在三维中制作好渲染的素材导入到AE中，可在光盘中"HeNanTV_Logo\Rendered"文件夹下导入。并将它们拖入合成时间线中，如下图所示。

提示：如果发现渲染素材时间或者帧速率不正确，请检查C4D的工程设置以及渲染设置。

将除了"Water.mov"层以外的所有层预合成，命名为"Motion Lines"，如下图所示。

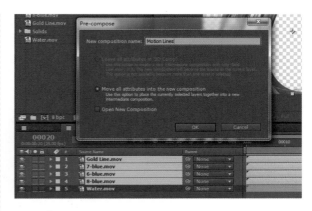

❷ 使用混合模式遮罩修复线条

进入到"Motion lines"合成中，在首帧可以看到线条尾部露出来穿帮了，实际上这并不是我们需要的部分。

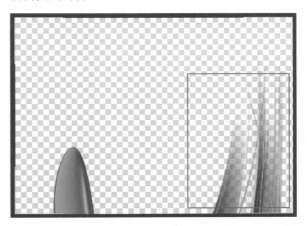

创建一个固态层将不需要的部分遮罩，并使用关键帧做跟随动画，然后使用Fast Blur将边缘羽化，如下图所示。

将固态层的[混合模式]切换为[Silhouette Alpha]，此时就将多余的部分去除了，如下图所示。

③ 线条的合成

选择最外圈一层细的蓝色线条"8-blue.mov"，使用Curves将线条调整得亮一些，然后使用Fast Blue将它模糊一些，如下图所示。

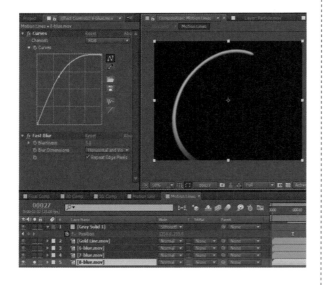

选择中号蓝色线条"6-blue.mov"，步骤如上步，但是可以将颜色调整的稍微深一些，如下图所示。

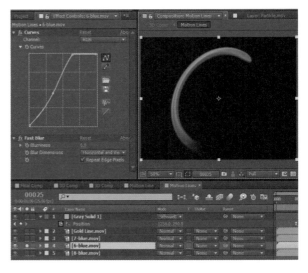

再选择最大号的蓝色线条，使用相同的步骤将它调亮、模糊，但是这个线条需要模糊值大一些，如下图所示。

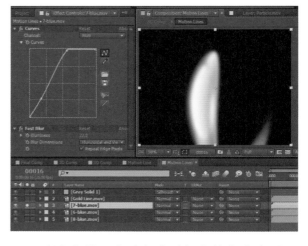

可以看到，动画完成后很多线条合在了一起，因为增加模糊后层次变得不分明。

所以需要在这些线条动画完成之前，使用缩放关键帧将位置相同的线条控制成错落状态，如下图所示。

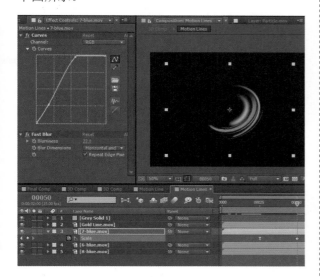

使用亮度对比度Brightness & Contrast，将光线"Gold Line.mov"层调整得亮一些，如下图所示。

❹ 水的合成

回到上一个合成"Comp"中，选择水"Water.mov"层，添加着色[Tint]，调整参数如下图所示。

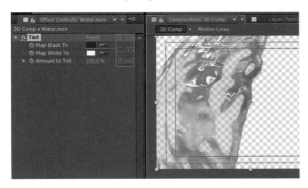

将水"Water.mov"层新复制一份，将混合模式切换为[Screen]，如下图所示。

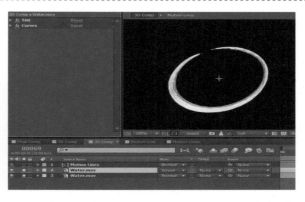

选择下面的一层"Water.mov"，添加辉光[Glow]，调整参数如下图所示。

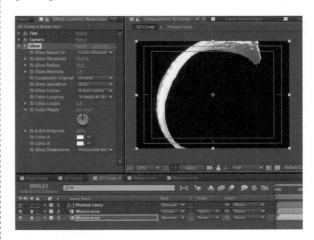

选择"Motion Lines"层，添加特效置换贴图Displacement Map，将[Displacement Map Layer]属性切换到"Water.mov"层上，如下图所示。

调整打开此层的[使用底层透明区域]开关，并调整Displacement Map的数值，如下图所示。

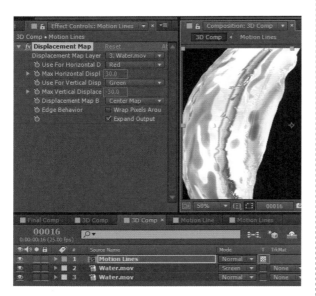

将此层复制一份，将上层的特效删除，然后关闭此层的[使用底层透明区域]开关。

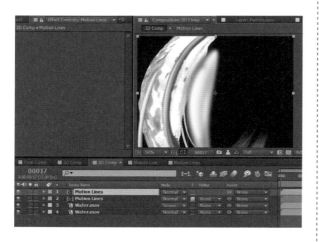

6.3.2　使用三维数据制作辅助效果

❶ 导入三维数据

在AE中打开之前C4D数据保存的aec文件，将摄像机和灯光放入此合成中，如下图所示。

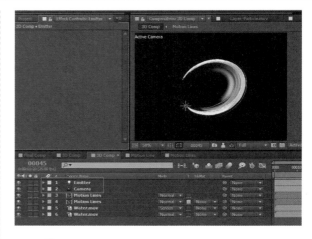

❷ 使用Particular制作环绕粒子

创建一个新的固态层，命名为"Particular"，添加粒子插件特效[Particular]，如下图所示。

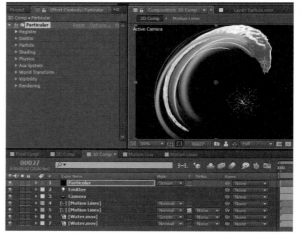

调整[Particular]的发射器[Emitter]属性，如下图所示。

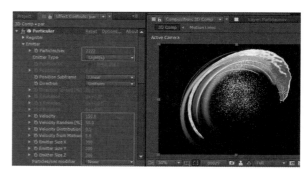

调整粒子[Particle]属性，如下图所示。

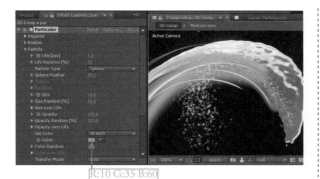

R:10 G:35 B:60

在动画开始处，可以看到粒子非常大。

所以需要为粒子的大小制作从无到有的关键帧动画，如下图所示。

打开物理[Physics]属性，调整参数如下图所示。

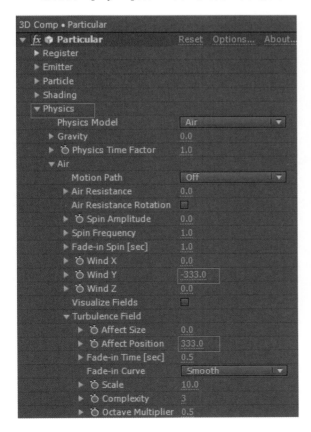

调整之后，将粒子层的混合模式切换为[Screen]，如下图所示。

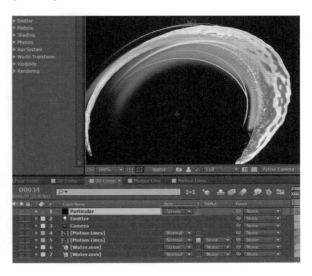

将"Particular"层复制一份，命名为"Particular-Large"，用来做稍微大一点的粒子，调整参数如下图所示。

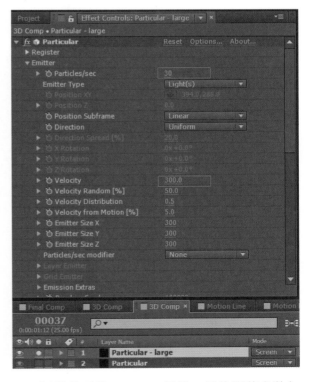

调整粒子的[Particle]属性，具体调整参数如下图所示。

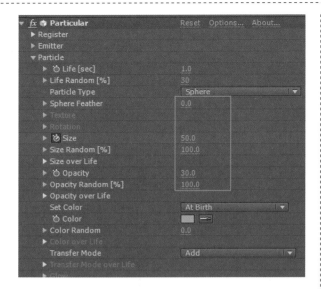

调整之后效果如右图所示。

❸ 制作光效

新建一个固态层，命名为"Shine"，添加光效插件Optical Flares，如下图所示。

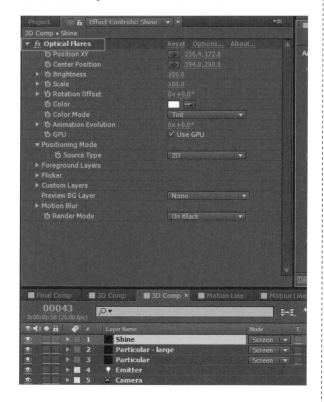

调整[Optical Flares]参数，如下图所示。让光效集中在水的头部。

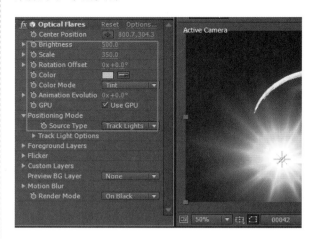

然后为亮度[Brightness]制作关键帧，为光效制作出入动画，再为[Rotation Offset]制作关键帧，让光效有一些细节动画，如下图所示。

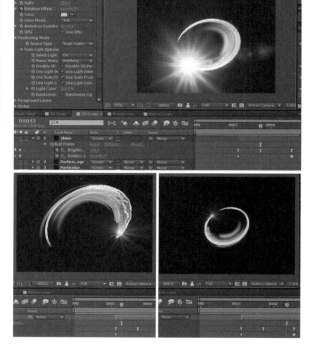

6.3.3　整合镜头画面元素

❶ 导入镜头素材

新建一个合成，命名为"Final Comp"，设置参数如下图所示。

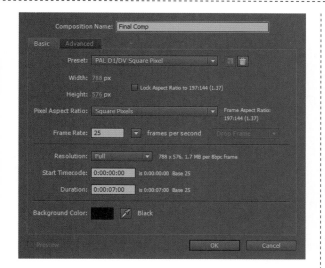

将文件夹 Other Layer中的其他元素导入到AE中。在光盘中位置为 "HeNanTV_Logo\Other layer"。

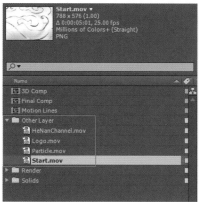

❷ 使用3D Stroke制作轮廓光

先将"Logo.mov"放入Final Comp中，并新建一个固态层，使用Mask遮罩勾勒出椭圆形的边框，如下图所示。

然后调整3DStroke 的参数，如下图所示。

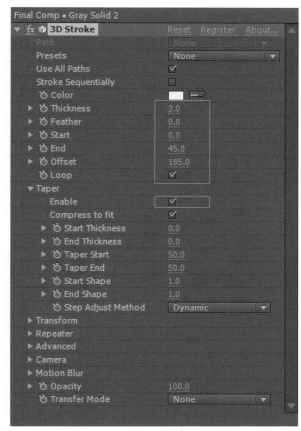

使线条处于Logo的左上方。

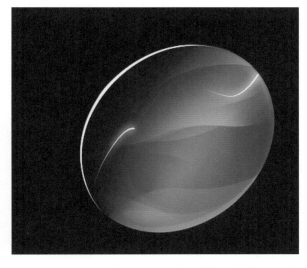

为3D Stroke的[Offset]属性制作关键帧，让线条在2秒中的时间顺时针环绕一周，并选择关键帧，按<F9>键平滑关键帧，如下图所示。

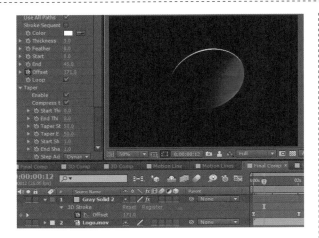

打开透明属性，在动画的出入点上制作渐隐和消失的关键帧，如下图所示。

将此层复制一份，制作一个右下角的线条，如右图所示。

调整完毕后将这两层预合成，命名为"3D Stroke"，如下图所示。

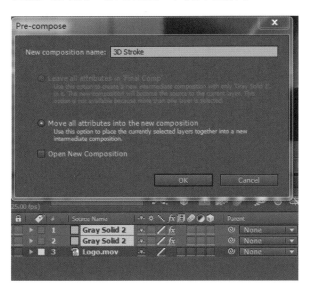

❸ 匹配画面元素

将3D Stroke层用父子链接到Logo.mov层上，如下图所示。

从项目窗口中将"HeNaChannel.mov"和"Particle.mov"拖入合成中，调整"Logo.mov"层的缩放和位移，对应到合适的位置，如下图所示。

从项目窗口中将3D Comp合成放入Final Comp合成中，开启[塌陷]按钮，打开位移[Postion]和缩放[Scale]属性，在1秒处记录默认关键帧，如下图所示。

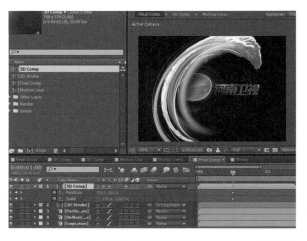

在动画即将结束的位置调整3D Comp的位移和缩放，匹配到Logo上，并选中末帧按<F9>键改为平滑，如下图所示。

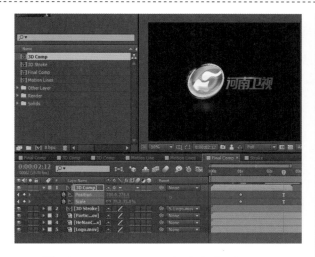

④ 使用Motion Tile修复穿帮部分

拖动时间可以看到其中的光效出现了穿帮。

进入到3D Comp合成中，选择"Shine"层添加Motion Tile，将此层镜像铺开，然后添加Fast Blur将光效调整得柔和一些，具体调节参数如下图所示。

回到上一层Final Comp中可以看到，穿帮的地方已经被镜像修复。

⑤ 使用空物体带动层属性

创建一个空物体，用来控制Logo的变换，将创建的空物体命名为"Logo Control"，为了方便控制，先将空物体的位置置于Logo的中心，如下图所示。

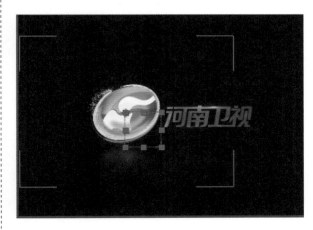

将"Logo.mov"层的父子关系链接到"Logo Control"层，如下图所示。

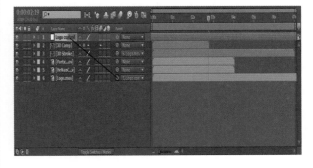

打开位移和缩放属性，在动画末尾处记录初始关键帧，如下图所示。

Stroke层的混合模式切换为[ADD]，"Particle"层的混合模式切换为[Screen]，如下图所示。

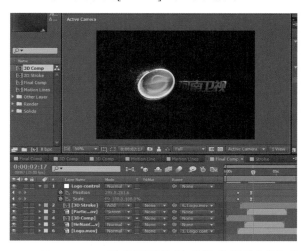

　　然后在需要Logo出现的地方调整缩放和位移，将Logo匹配到对应的位置，如右图所示。

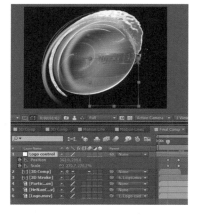

　　调整"Logo.mov"层需要出现时的合适位置，然后将Logo Contral制作好的末尾关键帧按<F9>键改为平滑，如下图所示。

　　在3D Comp层动画即将结束的位置使用透明度关键帧制作渐隐动画，如下图所示。

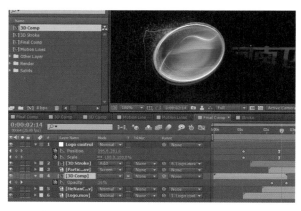

　　从项目窗口中将"Start.mov"放入Final Comp合成中，移动除了"Start.mov"以外的所有层，将动画匹配上去。

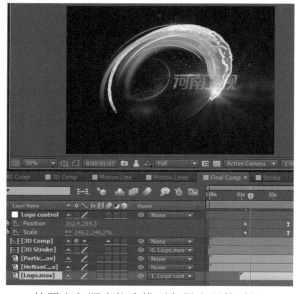

按照出入顺序依次排列各层出现的时间，3D

　　选择"Start.mov"层，按组合键<Ctrl+Alt+T>，打开时间重映射，将"Start.mov"层的最后一帧延长，修复时间不够的地方。

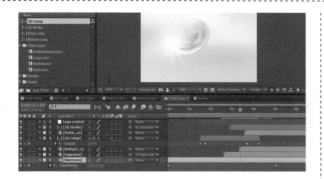

6.3.4　细节合成与光效

❶ 使用固态层制作光感

创建一个橘红固态层，命名为"Warm Color"，使用Mask遮罩控制参数，如下图所示。

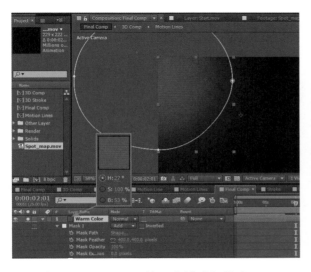

将"Warm Color"的混合模式切换为[ADD]，然后用透明度制作出入动画，如下图所示。

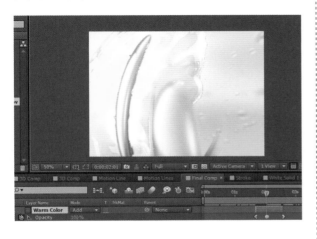

创建一个固态层，命名为"Type Light"，加入光效插件Optical Flares，选择一个合适的光效样式摆放在文字[河南卫视]初始处。

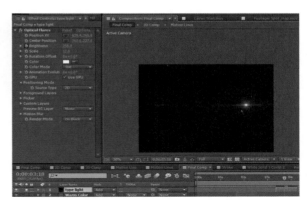

将"Type Light"层的[混合模式]切换为[Add]，并使用Optical Flares的亮度[Brightness]属性制作关键帧出入动画，如下图所示。

❷ 制作光斑粒子

在项目窗口中导入粒子贴图素材"Spot_map.mov"，在光盘中位置为"HeNanTV_Logo\Source\Spot_map.mov"。

将"Spot_map.mov"放入Final Comp合成时间线中，新建一个固态层，命名为"Spot particle"，然后添加粒子插件[Particular]，如下图所示。

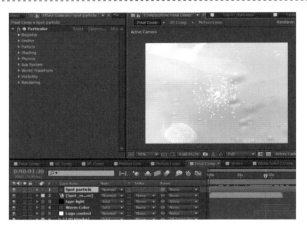

调整[Emitter]属性使粒子铺满空间，具体调整参数如下图所示。

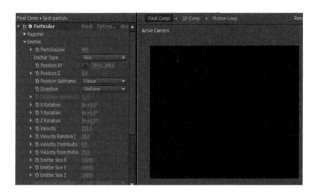

粒子[Particle]属性调整参数如下图所示。

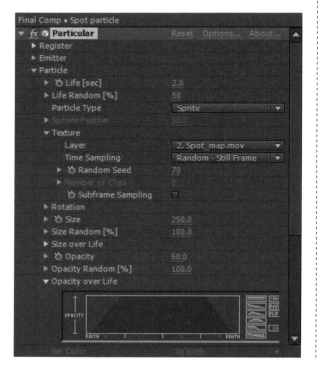

调整结束后将"Spot particle"的混合模式切换为[Add]，如下图所示。

在定版的时候不需要光斑粒子的出现，同样使用透明度关键帧制作消失动画。

完成后的效果，如下图所示。

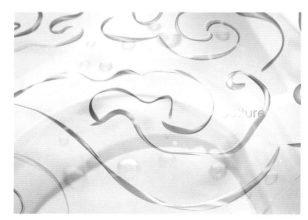

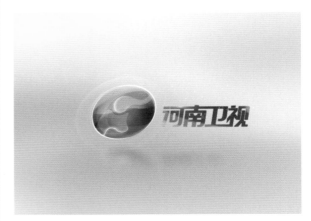

第 7 章
浙江卫视版权页

本章介绍
本章将完成浙江卫视版权页的全流程制作，包含建模、贴图、动画以及合成效果。

本案例重点
- 2012 年浙江卫视整体包装的创意思路
- 掌握整数移动技巧
- 多模型的贴图匹配方法
- 循环背景素材制作技巧
- 全局光照和环境吸收的渲染技巧
- C4D 的数据输出与 AE 合成

7.1　浙江卫视版权页案例解析

7.1.1　品牌简介

浙江卫视于2011年和YIYK设计团队首次合作，一起设计了升级的2012年浙江卫视整体视觉形象系统。其中，导视版权页是频道整体形象包装的重要环节之一，它与全屏版权页最大的不同之处在于其和导视系统的紧密联系，在不影响在播画面的前提下，通过导视版权页达到版权信息输出的目的。

7.1.2　项目需求

浙江卫视致力于开拓文化娱乐类节目的生长空间，在白热化的市场竞争中展现新形象，进一步提升频道的公众影响力。本次视觉形象以简约、青春、多彩、多元素的视觉语言强化浙江卫视梦想频道的精神气质。

项目名称：浙江卫视导视系统版权页

服务客户：浙江卫视

项目尺寸：1920×1080 HD高清

YIYK 为浙江卫视设计的台标视觉形象

7.1.3　创意思路

浙江卫视作为国内最具影响力的电视媒体，颜色采用代表蓝海与江南文化品质的蓝色，不断以创新的方式推动与其他卫视频道的差异化路线。以"蓝"作为文化与艺术发展的代名词，在品牌推广上着力强调包容、梦想和人文气息。通过整合台标方形（最为直观并且简洁的图形），加以丰富的色彩和生活气息的动画表达，来让观众更加深入感受到浙江卫视的品牌概念。

根据创意方向设计的元素，我们需要融入频道的品牌诉求。频道主体元素确立为有生命的方块、方形，贯穿于频道的理念和人们生活的各个方面。主体元素作为推广频道品牌的载体，与频道Logo以及宣传理念相结合。生活中无处不在的方形可以表现的形式也丰富多彩。

　　虽然浙江卫视的宣传口号为：中国蓝，但如果只是演绎蓝色，那么对于越来越挑剔的观众来讲就显得缺乏创新，不够吸引眼球。频道品牌形象渴望带给人的感觉是梦想绽放，多姿多彩。蓝色可以只作为一个引子，始终穿插在整体形象的重要部分，然后在中间加入更多的斑斓色彩来向观众展示更丰富的含义。

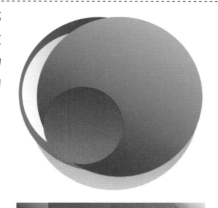

7.2　Cinema 4D 制作部分

7.2.1　搭建组合模型

❶ 创建项目工程设置

　　单击[渲染设置]，调整输出栏下的参数，如图所示。

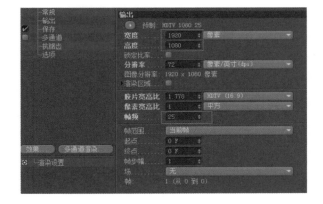

按键盘组合键<Crtl+D>，修改工程设置，确保场景也是25帧每秒，如下图所示。

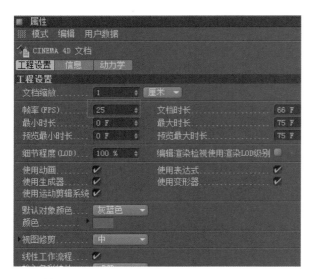

❷ 创建参考模型

单击 🔲 图标创建一个立方体，为了方便编辑，在属性窗口中的基本栏中勾选[透显]。如下图所示。

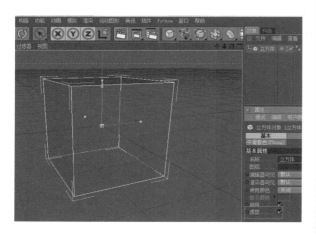

复制出两个立方体，将它们一字排开。

提示：按住键盘上的<Shift>键移动坐标轴可整数位移。

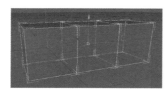

❸ 搭建主体模型

再次创建一个立方体，将属性面板中的对象栏下的尺寸改为100cm，然后按住<Shift>键将立方体的位置移到参考立方体的左上端，并重命名为"Z-1"。如下图所示。

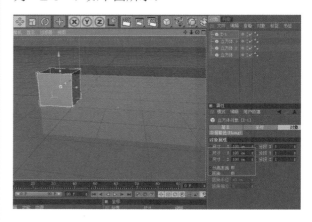

复制出3个立方体，依次重命名为"Z-2"、"Z-3"、"Z-4"，移动位置如下图所示。

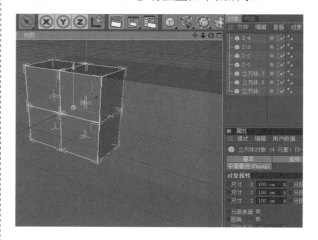

创建一个尺寸为130cm的立方体，重命名为"G-1"，将其移动到下图所示位置。

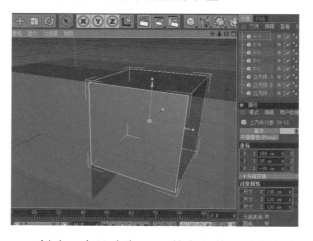

创建一个尺寸为70cm的立方体，重命名为"G-2"，将其移动到下图所示位置。

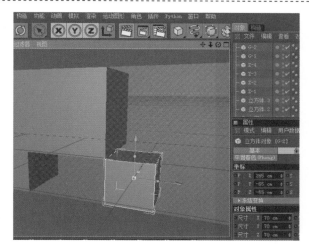

创建一个尺寸为60cm的立方体，重命名为"G-3"，将其移动到下图所示位置。

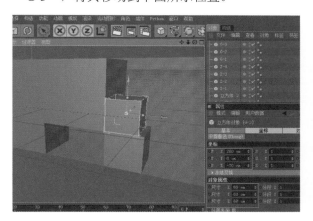

创建一个尺寸为120cm的立方体，重命名为"L-1"，将其移动到下图所示位置。

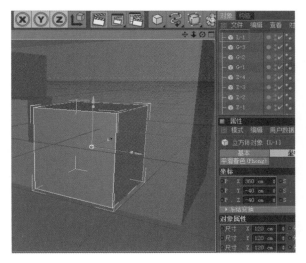

创建一个尺寸为50cm的立方体，重命名为"L-2"，将其移动到下图所示位置。

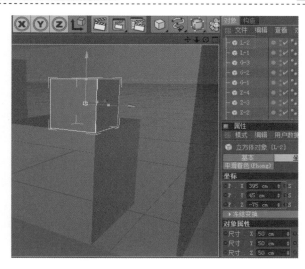

创建一个尺寸为60cm的立方体，重命名为"L-3"，将其移动到下图所示位置。

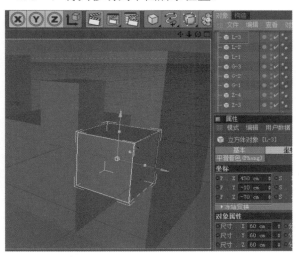

创建一个尺寸为80cm的立方体，重命名为"L-4"，将其移动到下图所示位置。

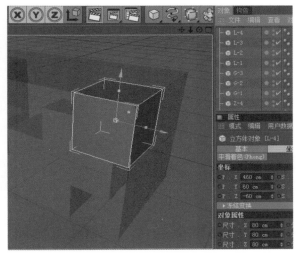

立方体摆放整齐，效果如下图所示。

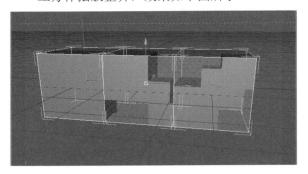

7.2.2 材质的制作

❶ 材质球的制作

创建两个材质球，分别命名为"Colorful"和"Gray"，关掉[高光]属性，在[颜色]属性的纹理栏中分别添加贴图Colorful和Gray。贴图在光盘中的位置为"2012ZheJiang_Copyright\Source\Texture"文件夹下。

 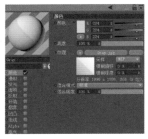

创建一个材质球，命名为"China Blue"，关掉[颜色]属性，在[发光]和[Alpha]属性的纹理栏中添加纹理"China Blue.png"。贴图在光盘中的位置为"2012ZheJiang_Copyright\Source\Texture"文件夹下。

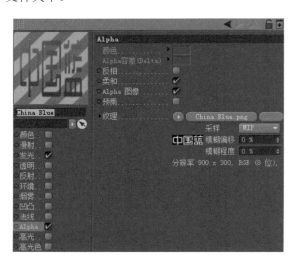

❷ 多模型的贴图匹配

在菜单中选择[运动图形]—[克隆]。将所有立方体放入克隆的子集中，然后更改克隆的设置，如下图所示。

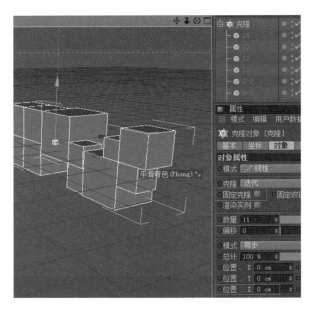

将3个材质球按照顺序"Colorful"、"Gray"、"China Blue"依次赋予到克隆上，然后将克隆下的[固定纹理]模式切换为[直接]，如右图所示。

此时"中国蓝"的贴图并不正确。

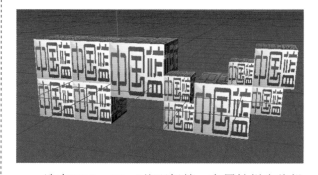

选中[China Blue]纹理标签，在属性栏中将投射方式改为[立方体]，右键单击[China Blue]纹理标签，选中适合对象。

修改后"中国蓝"3个字已经匹配完毕，如下图所示。

选中所有立方体和克隆，按快捷键<C>将它们转为[可编辑对象]，如下图所示。

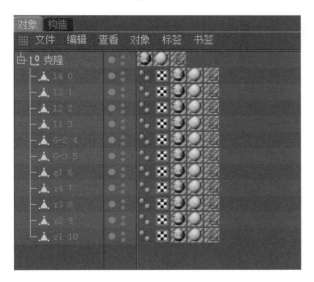

框选所有立方体，使用面选择工具，选择这些立方体的正面，然后单击菜单[选择]—[设置选集]，操作参数如下图所示。

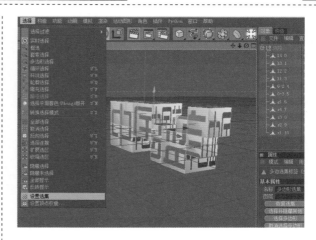

框选这些立方体的后两个材质标签[Gray]和[China Blue]，然后将最右侧的[■选集标签]多边形选集拖入属性窗口的[选集]栏中，如下图所示。

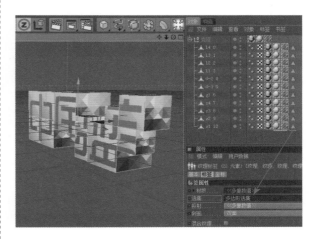

7.2.3　调节立方体的动画

将对应贴图的模型依次打组，如右图所示。

在20帧的位置选中贴图[中]字的4个模型，为其设置初始关键帧，如下图所示。

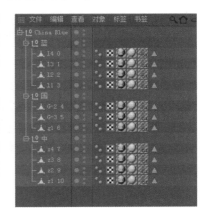

回到0帧，为这4个立方体制作旋转动画，右下角的立方体再添加一个缩放动画，并且将时间稍微延后，错开一点，制造错落的动画感觉。如下图所示。

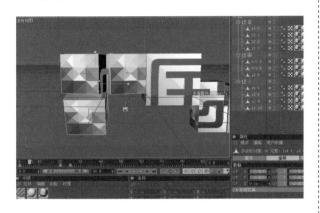

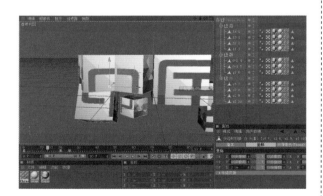

选中[国]字贴图最大的立方体模型"G-1"，将轴心点移到边缘处。选择[对象坐标编辑模式]，按<P>键打开捕捉，选中[边缘捕捉]开关，移动轴心吸附到立方体的边缘，如下图所示。

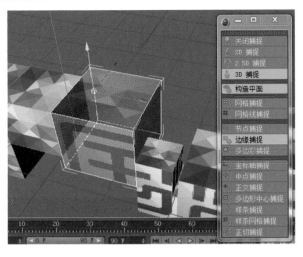

在20帧的位置设置初始关键帧，回到0帧为立方体旋转属性制作关键帧，如下图所示。

剩余部分动画与上述步骤一致，参考Rendered文件夹下视频Box_anim，依照此视频调节动画。工程文件在光盘中的位置为"2012ZheJiang_Copyright\C4D\Box_anim"。

7.2.4　场景灯光

❶ 创建灯光

创建一盏[❈灯光]，然后单击[❈阵列]，在对象面板中将灯光放入阵列组下面。

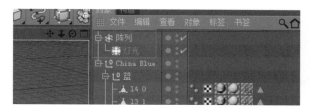

调整阵列属性的[半径]，然后移动坐标到上方，如下图所示。

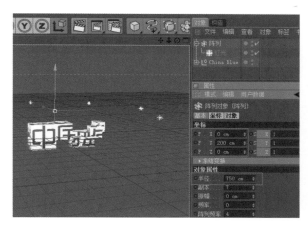

调整灯光强度为50，将[阵列]复制出一份，移动到下方，如下图所示。

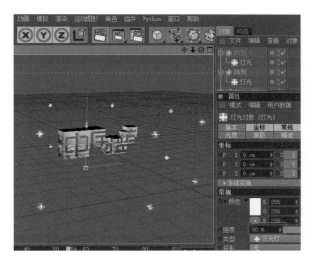

创建一个[∞摄像机]，调整到模型的正前方，如下图所示。

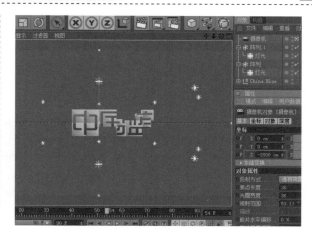

❷ 渲染调节

打开[渲染]设置，添加[全局光照]和[环境吸收]效果，抗锯齿修改参数如下图所示。

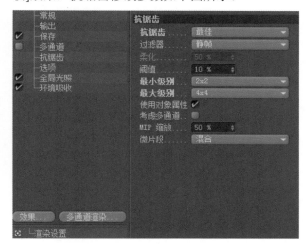

选择输出路径，勾选[Alpha通道]，输出为Quick Time格式，具体参数如下图所示。

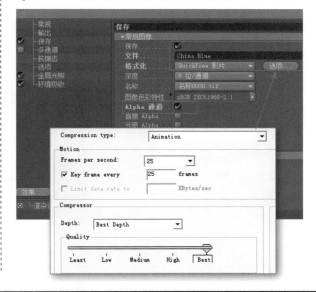

修改完毕后渲染输出如下图所示。

7.2.5　LOGO 立方体制作

❶ LOGO模型创建

创建一个[◻立方体]，命名为"Logo"，将"Colorful"材质赋予到上面，调整位移与"China Blue"模型对齐，如下图所示。

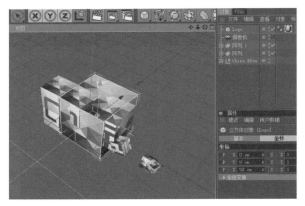

❷ LOGO动画制作

将Logo立方体移动到下图位置，然后在第18帧的位置设置关键帧。

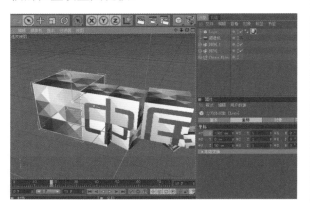

回到0帧位置，将[位移]的X轴向还原为0，修改Logo立方体的[旋转]并设置关键帧，如下图所示。

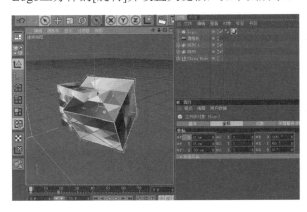

制作缩放动画，在0帧和第6帧，分别为缩放设置关键帧0和1.3，如下图所示。

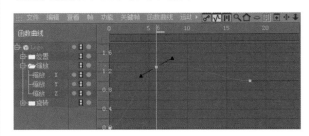

选中Logo立方体，为圆角半径制作关键帧，分别在0帧和18帧的位置设置0cm和20cm，如下图所示。

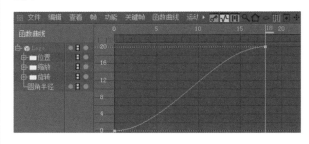

❸ LOGO材质制作

此时会发现贴图有错误，选中材质标签，将投射类型切换为[立方体]，如右图所示。

修改前　　　　　　　　修改后

7.2.6 LOGO 的渲染和数据输出

这次只渲染Logo立方体，关闭China Blue渲染，将对象名后面的圆点激活成红色即可，如下图所示。

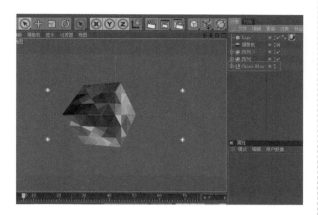

右键单击选择Logo立方体，添加[外部合成标签]，如下图所示。

修改[外部合成标签]属性，参数如下图所示。

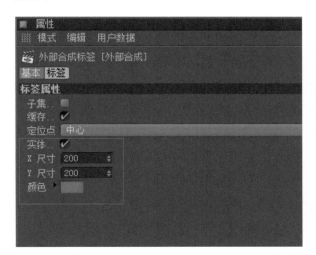

打开[渲染设置]，修改输出文件名，打开合成方案，参数如下图所示。调整完毕后渲染输出。

7.2.7 循环背板的制作

❶ 模型创建

创建一个尺寸为100cm的立方体，命名为"A"，如下图所示。

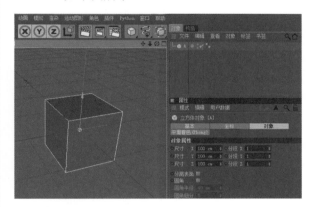

❷ 材质制作

新建一个白色的材质，关闭[高光]属性赋予到模型上，然后按快捷键<C>将它转为[可编辑对象]，如下图所示。

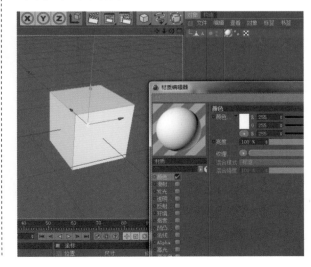

新建8个材质球，只开启发光属性，将左图纹理依次指定到材质球发光属性纹理上，如下图所示。贴图在光盘中"2012ZheJiang_Copyright\Source\Texture"文件夹下。

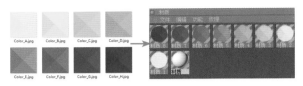

❸ 赋予材质

使用设置选集工具，将侧面，共4个面，依次选出，并赋予材质，如下图所示。

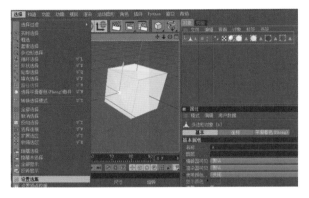

4个面分别赋予材质Color_A、Color_B、Color_H和Color_G，如下图所示。

将A立方体模型复制一份，重命名为"B"，并将材质更改（按住<Ctrl>键拖动材质赋予上去可以重新替换之前的材质），分别赋予材质Color_C、Color_D、Color_E和Color_F，如下图所示。

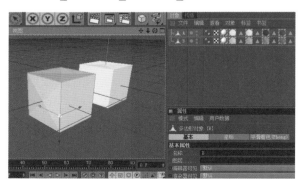

另一角度的显示，如下图所示。

❹ Mograph克隆制作背板

添加克隆，将A、B模型拖入克隆的子集，修改克隆设置，如下图所示。

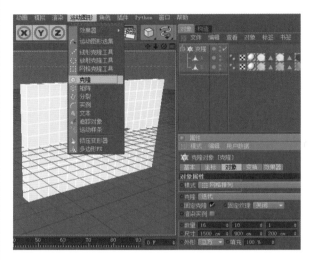

为克隆添加一个[❸随机]效果器，如下图所示。

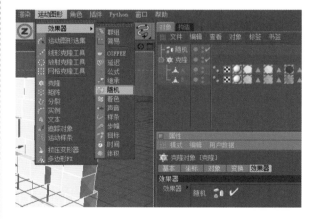

将[随机]效果器属性X和Y方向改为0，并为Z方向设置关键帧，分别在第0帧、45帧、90帧依次设置数值8、30、8，如下图所示。因为0帧和90帧的

动画是相同的，所以播放动画就完成了一段循环。

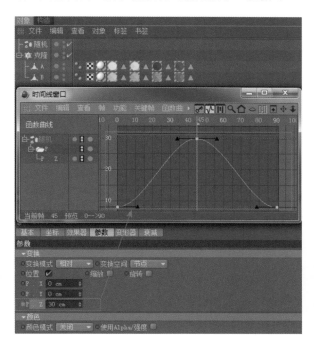

❺ 渲染调节

此时渲染效果如下图所示，可以看到因为没有阴影效果，所以并不真实。

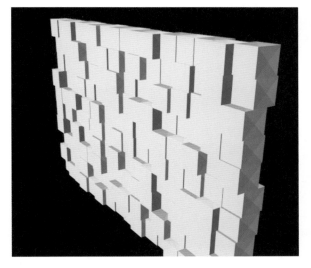

打开[渲染设置]，右键开启全局光效果。

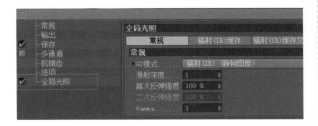

此时再次渲染，如右图所示，画面很多地方是黑色的，这是因为场景中没有照明所致。

❻ 制作发光体

创建一个[平面]，调整宽度、高度，将其放在对象的正前方，如下图所示。

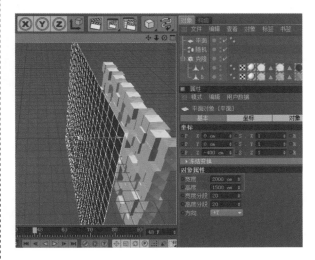

创建一个材质球，将发光调为纯白色，并赋予到平面上，如下图所示。

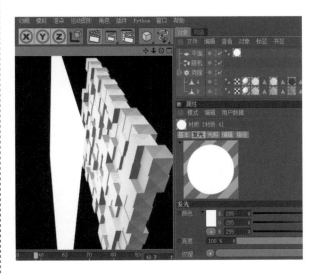

渲染的时候并不需要发光板显示，右键单击平面添加一个[合成]标签，然后在属性面板中将[摄像机可见]关闭，如下图所示。

再次渲染，效果如下图所示。

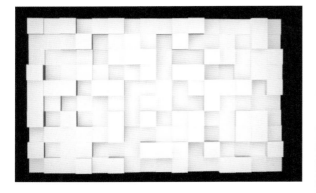

创建一个摄像机，放在底板的正前方，如下图所示。

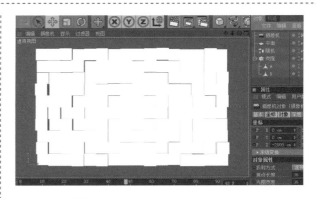

打开[渲染设置]，修改抗锯齿为[最佳]，然后调整输出分辨率为$1000×600$，帧范围$0～90$，如下图所示。修改完毕后渲染输出吧！

7.3　After Effects 制作部分

7.3.1　LOGO 的合成

❶ 导入数据文件

在AE中打开之前保存的"Logo.aec"文件。

打开后可以看到合成中已经有了Logo模型的三维数据和场景摄像机，如下图所示。

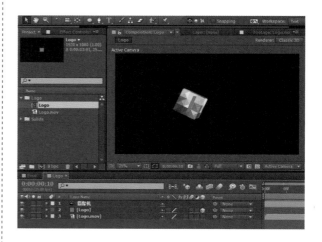

提示：如果没有，可以重新指定。在光盘中位置为"2012ZheJiang_Copyright\rendered"。

❷ 匹配LOGO素材

导入Logo.png素材，在光盘中位置为
"2012ZheJiang_ Copyright\Source\Logo.png"。
在时间线面板中选中红色的Logo固态层，然后按
住<Alt>键从项目窗口中将Logo.png替换上去，如
下图所示。

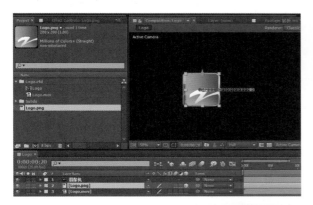

可以看到，
Logo是在立方体的
中心位置，这是因
为输出的数据就是
记录模型的中心点
位置和旋转，如右
图所示。

将"Logo.png"层复制出一份，取消新层的所
有的关键帧，然后将新层的Parent父子关系链接
到之前的数据层上，如下图所示。

因为立方体是200cm的尺寸，半径为100cm，
将新的Logo层的Z方向移动到-100的单位就正好
匹配到了立方体的正面，如下图所示。

播放动画可以发现，除了最后一帧匹配上，
其他的动画位置并不准确，这是因为在三维中
立方体还有缩放动画，但是导出的数据并不拾
取缩放动画，所以没有Scale的数据，如下图
所示。

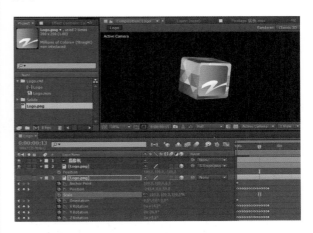

接下来为原数据层制作缩放动画，按照之前
C4D的位置，分别在0帧、6帧、18帧设置数值0、
130、100，这样数据就完全匹配了。

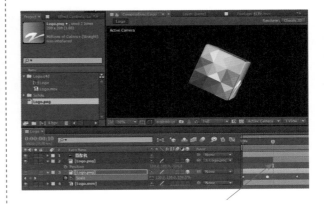

提示：前面部分不需要显示Logo，所以可以从10帧处截开。

使用[Linear Wipe]制作Logo的显现动画，选择菜单[Effect]—[Transition]—[Linear Wipe]，分别在5帧和1秒处为[Transition Completion]设置关键帧0和100，如下图所示。

为底下的立方体Logo.mov层制作消失的透明度动画，并将工作区域和素材设置为同等长度，如下图所示。

7.3.2　文字立方体的合成

❶ 匹配文字合成

导入渲染好的素材"China Blue.mov"，然后在项目窗口中将"China Blue.mov"拖曳至[合成标签]上新建合成，如下图所示。

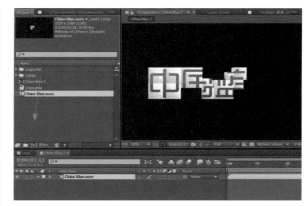

在项目窗口中导入素材"China Blue.png"，在光盘中的位置为"2012ZheJiang_Copyright\ Source\Texture\China Blue.png"。将"China Blue.png"导入合成线中，并调整缩放和位置，使其与立方体上的"中国蓝"对齐，如下图所示。

再次加入特效[Linear Wipe]，并制作关键帧，让平面文字China Blue.png，从左至右滑入显现，如下图所示。

调整合成长度，修改合成设置（快捷键 <Ctrl+K>），将时间长度[Duation]改为5秒，选中 China BLue.mov层，调出时间重映射，按快捷键 <Ctrl+Alt+T>，将"China BLue.mov"层延长。如 下图所示。

同样使用[Linear Wipe]特效为"China Blue. mov"立方体层，制作滑出的消失动画，如下图 所示。

❷ 动画元素的整合

在此合成中将Logo合成拖到时间线上，并为 Logo层增加时间重映射，延长末帧，调整下面两 层"China Blue"的入画时间，如下图所示。

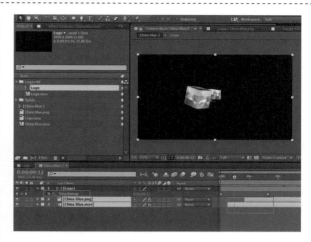

将时间拖到1秒16帧的位置，会发现Logo 层消失了，似乎时间重映射没有起作用，如下 图所示。

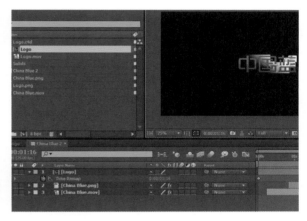

这是因为合成Comp的最后一帧通常不显示， 所以在时间重映射末尾处的前一帧再设置一个关 键帧，然后将末尾帧删除，就可以正常显示了。 如下图所示。

7.3.3 背景板的合成

❶ 素材的导入

导入素材"Copyright.PSD",在光盘中位置为"2012ZheJiang_Copyright\Source\Copyright.PSD",导入类型选择如下图所示。

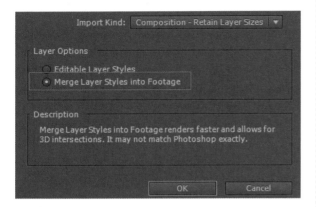

为了方便管理,在合成中将各层重命名,如下图所示。

导入在C4D里渲染好的背景"BG.mov",也可在光盘中打开"2012ZheJiang_Copyright\Rendered\BG.mov"。放入合成时间线中,如下图所示。

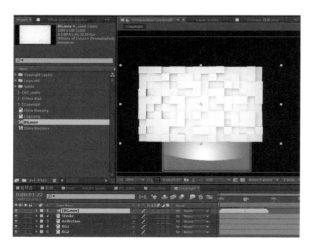

背景层是一段可循环的素材,在项目窗口中右键单击"BG.mov",调出素材设置窗口,如下图所示。

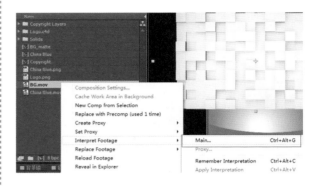

在弹出的窗口中的底部可更改循环次数,如下图所示。

❷ 背板的基础合成

将"BG1"层移动到"BG.mov"层的上方作为"BG.mov"的蒙版,调整"BG.mov"层的[缩放]和[位移],让方块充满长方形的蒙版,如下图所示。

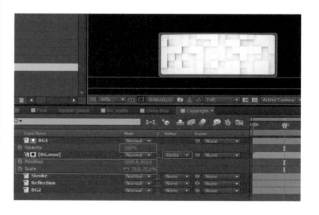

为"BG.mov"层绘制一个圆形的Mask遮罩,调整羽化为150,然后为[Mask Expansion](遮罩扩展)制作关键帧动画,让"BG.mov"在开始时不出现,如下图所示。

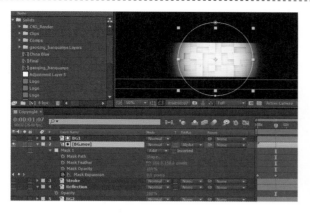

将[Reflection]移动到层的最上方，并制作透明度的显现动画，给[Stroke]添加[Linear Wipe]，制作从左向右的滑入动画，如下图所示。

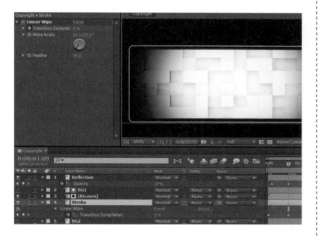

将"BG2"层的透明度调整为10，并添加Linear Wipe特效制作划入动画，时间控制在1秒，然后将此层复制出两份，将层时间向后错开，如下图所示。

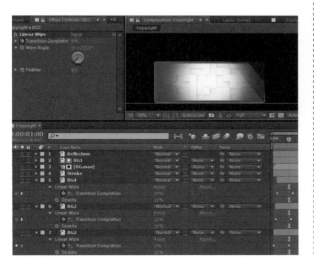

❸ 背板的细化合成

创建一个橙色的固态层，使用Mask遮罩控制，如下图所示。

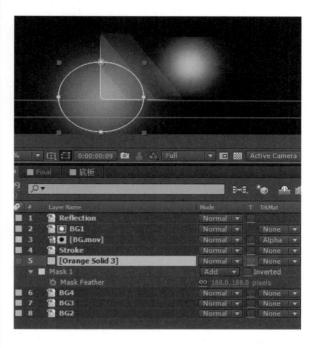

打开此层的[使用底层透明区域]开关，并制作透明度的消失动画，让颜色在方块出现后消失，如下图所示。

创建一个新的合成，命名为"Final"。然后将刚做好的"China Blue"动画合成和Copyright底板合成放入"Final"合成中，并调整"China Blue"的[缩放]和[位移]，使其置于底板中间，如下图所示。

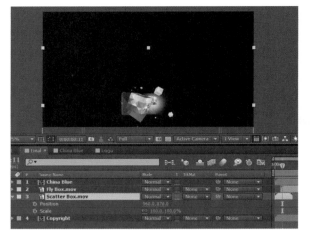

导入素材"Fly Box.mov"和素材"Scatter Box.mov"，在光盘中位置为"2012ZheJiang_ Copyright\Source"，这是使用C4D的Mograph模块和手动关键帧制作的动画素材，本段素材在2012年设计的浙江视觉系统中的很多地方都在使用。

调整"Fly Box.mov"的[缩放]和[位移]，将飘散的彩色方块置于蓝字的末尾处，如下图所示。

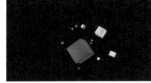

Fly Box.mov　　　　　Scatter Box.mov

将两段素材放入合成时间线中，调整"Scatter Box.mov"的位移，将其置于Logo方块处，如下图所示。

第 **8** 章

腾讯视频武侠专区片头

本章介绍

本章将完成腾讯视频武侠篇的全流程制作，包含建模、贴图、动画以及后期合成的处理。

本案例重点

- 腾讯视频武侠专区片头的创意思路
- 纹理材质的制作与应用
- 理解组的层级关系
- 腾讯武侠篇动态执行
- 制作刀光残影
- 使用粒子系统制作云层效果
- 画面的风格化调色

8.1　腾讯视频武侠专区片头案例解析

8.1.1　品牌简介

腾讯视频，定位是建立中国最大在线视频媒体平台。以其丰富的内容、极致的观看体验、便捷的登录方式、24小时多平台无缝应用体验以及快捷分享的产品特性，满足用户在线观看视频的需求。旗下设有多个视频板块，其中"腾讯视频武侠专区"Logo动画，是我们在2011年为武侠专区所制作的三维片头形象。武侠专区播放内容着重以古装武侠类题材为主。

8.1.2　项目需求

腾讯视频在2011年末，新划分出3大板块，分别是"武侠专区"、"战争专区"以及播放当下火热的电视剧"宫锁珠帘"专区。各专区已有成型的视觉风格，要求新制作的三维动画，在原Flash版本的动态上进行视觉升级，重点强化各独立板块的风格特征。

项目名称："腾讯视频武侠专区"Logo动画

服务客户：腾讯

项目尺寸：1024×576

项目时长：7秒

YIYK为腾讯视频设计的专区Logo动画如下图所示。

武侠专区　　　　　　　　　　战争专区　　　　　　　　　　宫廷专区

8.1.3　创意思路

客户已经提供了成型的视觉风格以及主要的视觉元素。所以在后续流程中省去了很多的风格定向工作。可以在海报中看到构成古装武侠风格的关键元素，比如弓箭、青铜器纹路、古建筑以及古装人物等。

对于任何一个需要具备空间感的三维作品来说，视角的变换和透视的关系等关键要素自然必不可少，所以环境构成必须要显得丰富饱满，如果仅仅通过海报中的内容，就开始制作三维动画还是比较吃力的，所以需要再搜集一些相关元素来构建我们的环境。

　　我们需要构思一个创意故事线，经过对项目的分析和技术探索，最终确定了以弓箭作为运动主体，使其在不同的环境中穿梭直至找到腾讯视频的主视觉形象这样的一个创意出发点。

　　因为项目时间较为紧张，为了确保后续工作的正常进行以及检验画面的准确性，所以在创作过程中制作动态小样是非常关键的。我们将完成的创意风格图和动态小样交付给客户方审阅后，因为有较高的可读性，所以在沟通环节上完成得非常迅速，保证了我们快速地开展后期的工作。

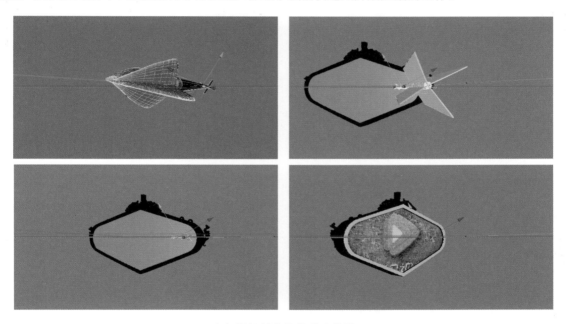

我们根据创意设计的风格图

8.2　Cinema 4D 制作部分

8.2.1　弓箭的材质与纹理的制作

❶ 导入模型

打开光盘中的弓箭模型文件，位置为"Tencent_Martial arts\C4D\Arrow.c4d"，如下图所示，场景内有即将完成的弓箭模型，下面我们开始给它制作材质吧！

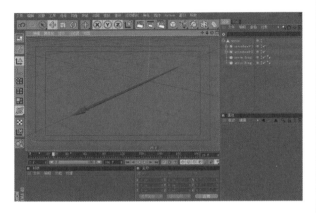

❷ 纹理制作

首先给箭竿制作一个木头纹理的材质。新建材质球，命名为"Wood"。选择颜色栏，选中纹理标签旁◉图标，在弹出窗口中选择[表面]—[木材]，如下图所示。

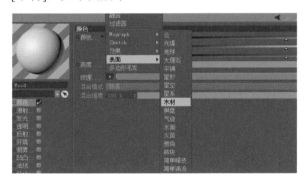

将"Wood"材质赋予箭杆Shaft，渲染效果如下图所示。

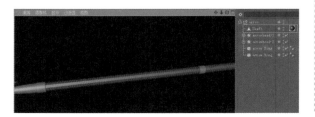

进入纹理调节窗口，更改参数，如下图所示。

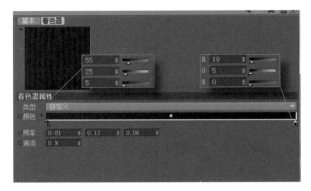

再次渲染后，结果如下图所示。

❸ 利用贴图制作箭羽

新建一个材质，命名为"Plume"，在颜色和Alpha栏中将纹理指定到光盘中的"Tencent_Martial arts\Source\Texture\Plume.tga"文件，如下图所示。

创建一个平面，命名为"Plume"。

将"Plume"材质赋予到Plume平面上，在[属性栏]中更改[对象]的宽度与高度，调整效果如下图所示。

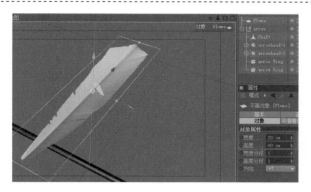

将Plume平面放入Arrow组的子集，更改[位移]和[旋转]，调整参数如下图所示。

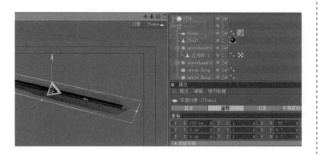

将Plume平面复制一份，旋转角度，调整参数如下图所示，至此箭羽部分制作完毕。

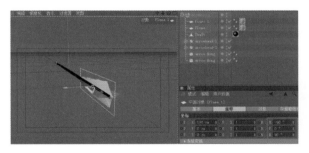

❹ 箭的金属材质

在材质栏新建3个材质，分别命名为"Gold"、"arrowhead-1"、"arrowhead-2"。

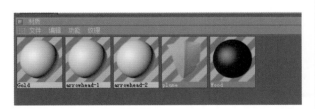

将"Gold"材质赋予arrow Ring模型，"arrow head"材质分别赋予同名模型。

调整"Glod"材质，调整参数如下图所示。

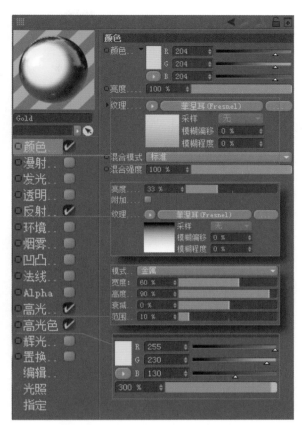

调整"arrow head-2"材质，调整参数如下图所示。

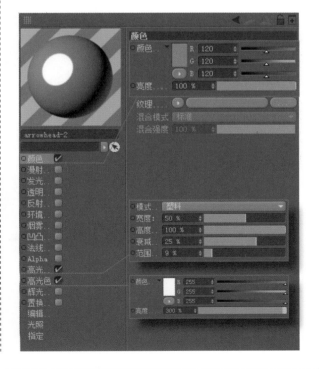

调整"arrow head-1"的材质参数，如下图所示，其中颜色与凹凸的贴图文件在光盘内，位置为"Tencent_Martial arts\Source\Texture\IMG_0870.jpg"。

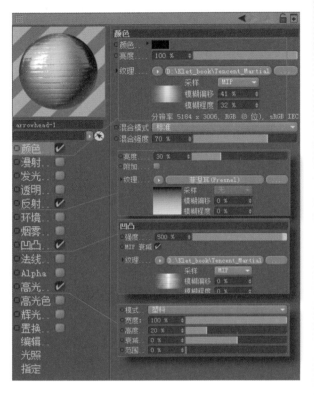

材质调整结束后，渲染结果如下图所示。

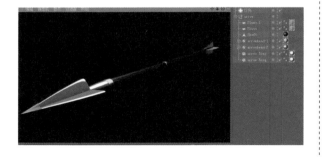

8.2.2　腾讯武侠主视觉的材质制作

❶ LOGO的材质制作

打开光盘中的文件"Tencent_Martial arts\C4D\Logo.c4d"。场景中有Logo的模型和用来渲染测试的灯光，渲染后效果如下图所示。

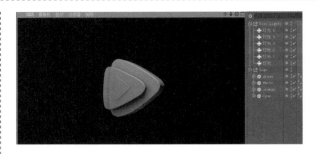

新建一个材质，命名为"logo-white"，只更改[反射]选项，调整参数如下图所示。

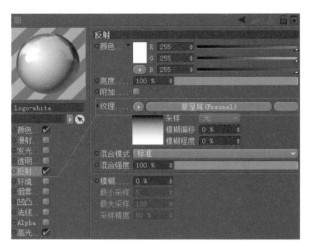

将"logo-white"材质复制一份，更名为"logo-orange"，只调整[颜色]与[凹凸]，参数更改如下图所示。其中，用于凹凸的纹理贴图的位置在光盘中，位置为"Tencent_Martial arts\Source\Texture\sad.jpg"。

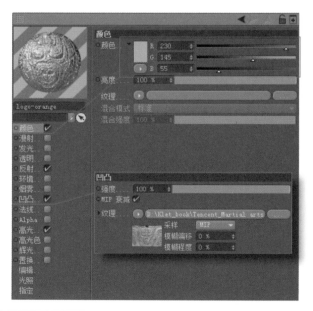

将"Logo-orange"复制出两份新材质，分别更名为"logo-cyan"和"logo-green"，这两个材质都只调整颜色，设置参数如下图所示。

将做好的4个材质球分别赋予到同名模型上。选择所有材质标签，更改[投射]类型为[立方体]。如右图所示。

此时渲染为错误结果，如下图所示。因为纹理过于粗糙，接下来需要提高精度。

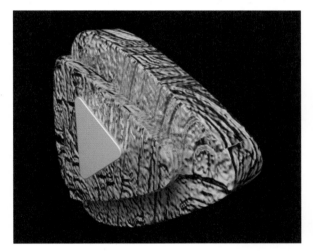

将材质标签下的长度U和长度V从100%的数值改为10%，如右图所示。

更改结束后再次渲染便可得到正确的渲染结果，如右图所示。

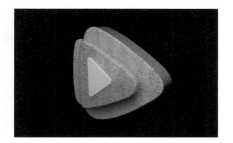

❷ 背板主视觉的组装

打开光盘中的文件"Tencent_Martial arts\C4D\Behind object.c4d"，场景中有用来组装的基础模型和用来渲染测试的灯光，如下图所示。

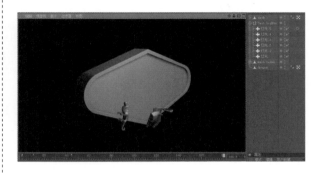

单击[阵列]图标，选择[对称]图标，在对象面板中将模型"deck"拖曳至[对称]的子栏下。

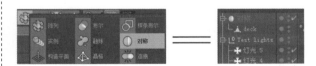

更改模型"deck"的角度，调整效果如下图所示。

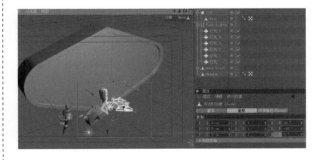

单击[平滑细分]图标，然后在对象编辑窗口中将[对称]拖曳至[平滑细分]子栏下，将做好的"deck"物件放在"main object"模型的上方，并复制一份与其对称，如下图所示。

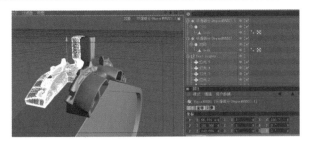

选择模型"dragon"，同样执行[🔘平滑细分]，将模型放置到"main object"模型的两侧。

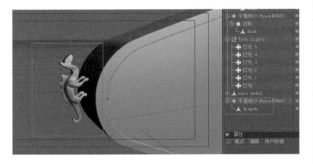

单击🔘图标，选择[🔘圆环]，修改对象大小与位置，将其放置在下图所示位置。

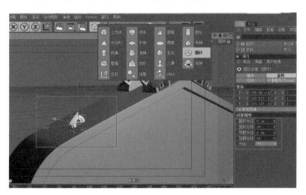

创建一个[🔘圆柱]，修改大小与位置，将其放置在刚才建立的[🔘圆环]上端，并将其打组，参考如下图位置。

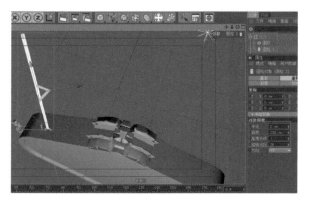

然后将此组复制出3份，分别置于下图所示位置。

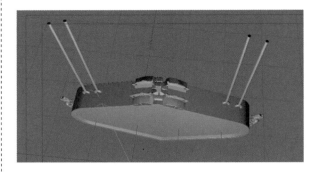

修改完毕后，渲染结果如下图所示。

❸ 规范整理

为了保持工程的简洁，请将各组模型整理后重命名，参考下图。

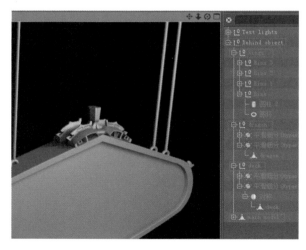

❹ 背板主视觉的材质制作

新建一个材质，命名为"Texture"，只调整[颜色]的[纹理]属性，如下图所示。其中所用到的纹理文件在光盘中，位置为"Tencent_Martial arts\Source\Texture\front.png"。

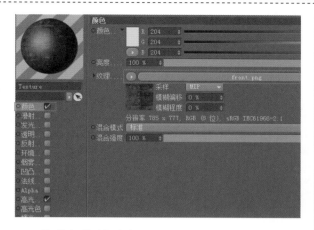

将做好的材质球"Texture"赋予到对象面板中"Behind object"组上，在其材质标签栏中调整[投射]类型为[立方体]。效果如下图所示。

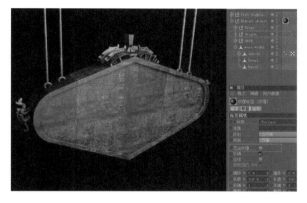

将材质球"Texture"复制一份，更名为"front"，关闭[高光]属性，在凹凸属性中添加纹理贴图，位置为"Tencent_Martial arts\Source\Texture\front bump"。具体调节参数如下图所示。

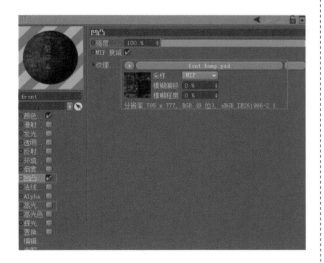

再次新建一个材质，命名为"bevel"，在[颜色]的[纹理]属性中添加贴图，位置为"Tencent_Martial arts\Source\Texture\bevel map.psd"，具体调节参数如下图所示。

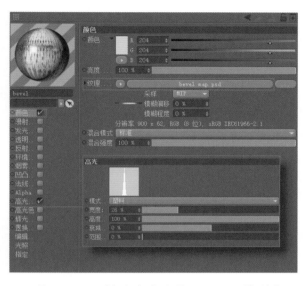

将"front"材质球赋予到"inside"模型上，"bevel"材质球赋予到同名模型上，这3个材质标签的[投射]类型都改为[立方体]，渲染效果如下图所示。

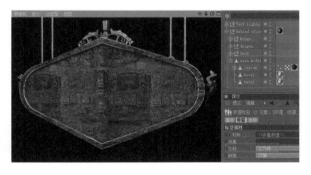

将前一节做好的Logo模型粘贴到此场景中，将Logo组和"Behind object"组放在同一组集中，将此组命名为"Main object"。

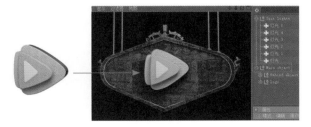

8.2.3　弓箭和镜头的动态制作

① 场景的搭建与摄像机动画

新建一个场景，存储名为 "Scene_01.c4d"，在场景中导入刚才制作好的模型 "Arrow"。单击[渲染设置]，修改场景的输出分辨率，如下图所示。

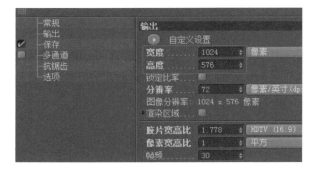

创建一个摄像机，调整摄像机到下图所示角度，调整完毕后在75帧（即2秒半）设置摄像机初始关键帧。

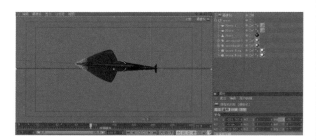

在90帧的位置，将摄像机的角度向左旋转到箭的对应方向，约为180°，设置关键帧。导入之前制作的主视觉模型 "Main object"，移动到下图所示位置，将其放在摄像机中心点区域。

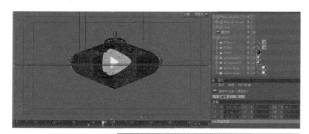

第三视角位置，如右图所示。

选择菜单[文件]—[合并]，导入灯光文件 "Tencent_Martial arts\C4D\light.c4d"，打开后保持和场景对应，如下图所示。

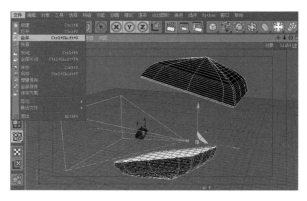

单击[渲染设置]，右键单击左边选项栏，添加[全局光照]和[环境吸收]效果，并修改抗锯齿，如下图所示。

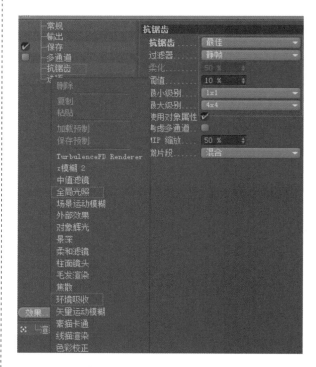

更改渲染环境后，渲染结果如下图所示。

将 "Main object" 和 "arrow" 合并到同一

组中，组名更名为"Animation"。

❷ 主体箭的动画

选择"arrow"，为其设置关键帧动画，从远处（下图所示）移动到近处（下图所示），用15帧（半秒）的时间完成此入画动作。

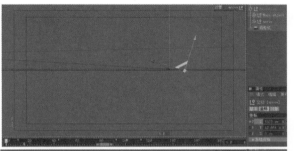

在第75帧（即2秒后），从上步动作移动到下图所示位置。

继续移动箭的位置，让其在第85帧时射入Logo主视觉（Main object）模型中，如下图所示。

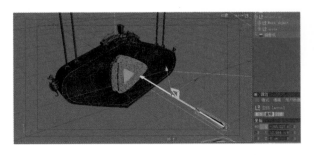

为了让后面的动画和构图自然、不生硬，将原本摆好的"Main object"模型调整[旋转]和[位置]，如下图所示。

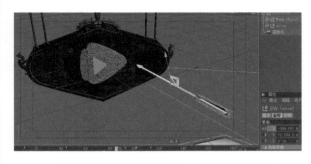

调出箭的动画曲线编辑器，框选中间的两个关键帧，右键选择[样条类型]—[缓和处理]，如下图所示。

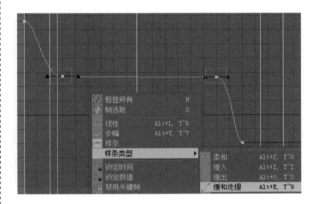

按住<Shift>键选择首尾帧，右键选择[样条类型]—[柔和]，如下图所示。

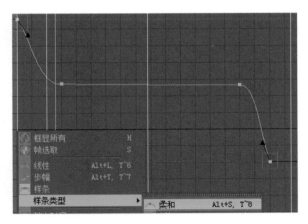

为箭的自身旋转加入一些旋转动画，可以让箭的动势看起来更加的自然，如下图所示。

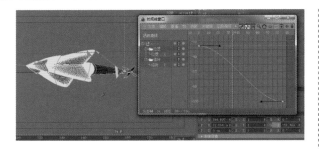

为了让运动中的箭在镜头中构图饱满，摄像机的动画曲线也需要修改。调出摄像机的动画曲线编辑器，修改摄像机的旋转动画曲线，如下图所示。从图中看到，摄像机在75～80帧的位置完成了大幅度的摄像机摇移动画，之后开始缓慢减速。

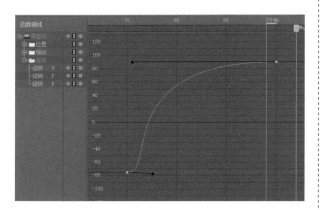

❸ LOGO的主视觉动画

在第90帧时，摄像机随着箭转过头来朝向Logo，箭钉在了Logo的背板上。如果就这么死死钉住不动那未免太生硬，所以接下来为Logo主视觉做一些和箭有动势关联的动画。

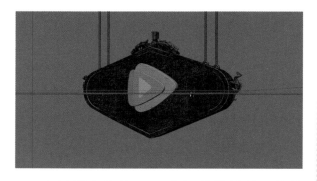

如果单独旋转Logo主视觉的模型，箭就会从模型上脱离了出去。想要让它们的动作关联起来，就需要再次将它们打组放入同一子栏

中，然后为此组做旋转动画。如下图所示，将"Animation"组重新打组，命名为"Rotation"，选择[⊥对象坐标编辑模式]，将"Rotation"组的轴中心点位置放置到Logo中心区域。

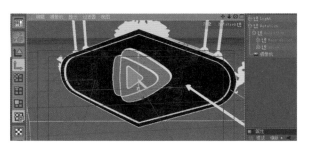

为"Rotation"组的旋转轴向设置关键帧，在第85帧时动画开始，在150帧结束，共7个关键帧。动画曲线如下图所示。

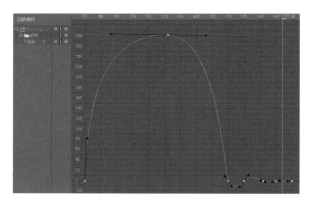

❹ 入画辅助箭支的动态制作

为了有更好的可控性，在这里入画辅助箭支和Logo上的辅助箭支是分开制作的。先制作前面3秒的辅助箭支。

将"arrow"复制出8份，移动它们的位置和关键帧，让辅箭在主箭射入镜头后依次入画。构图摆放如下图所示。

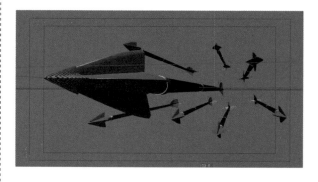

动画关键帧参考下图。在曲线编辑器里面可以看到，辅箭是在3秒内（即镜头转向前）错落的依次入画。

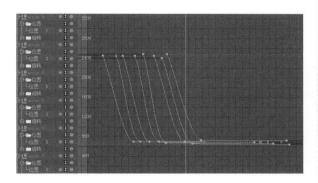

如果以上操作顺利完成，我们播放动画，后面的一些帧中会出现辅箭也随着Logo主视觉的中心旋转的情况。如下图所示。

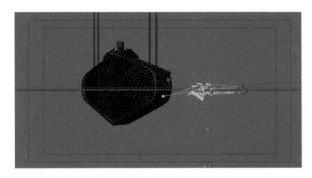

选择这些辅箭，在不需要的地方将它们关闭。在对象面板中选中辅箭，在属性面板中，设置[编辑器可见]与[渲染器可见]关键帧，在之后需要消失的地方将它们的可见模式切换为[关闭]。

如下图以及右图所示。

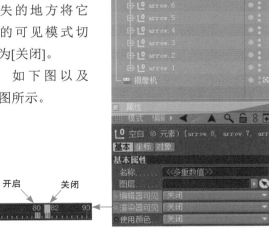

❺ LOGO的辅助箭支的动态制作

复制出一些箭，大约6支，在130帧（即Logo主视觉转正之后）左右将它们从摄像机画外依次射向Logo主视觉上，动画在150帧之前结束（即Logo主视觉的摆动停止时）。

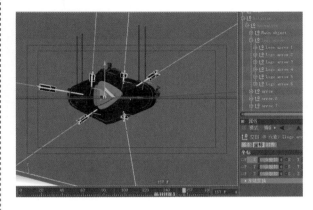

提示：这部分辅助箭也需放在Rotation组之下。

场景的第三视角，如下图所示。

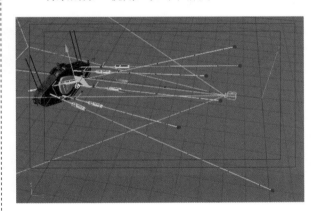

刚才在Logo主视觉上制作的辅助箭和上节制作的入画辅助箭一样，在不需要的地方将其关闭。

主视觉上的Logo模型也和上步一致，在不需要的地方将其可见关闭，Logo在转正之后出现。如下图所示。

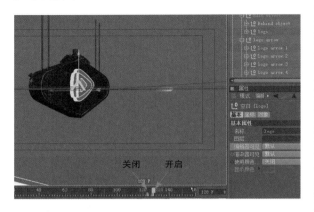

❻ 摄像机的修正与挑战

因为之前改变了Logo主视觉的位置，Logo主视觉并不在画面的正中央，所以需要适当地调整摄像的位置来保持Logo主视觉居于画面中央。

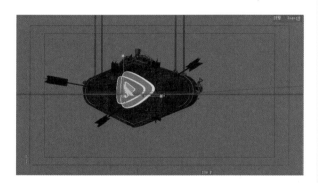

为摄像的位移设置关键帧，其中75～90帧之间是摄像机的转向动画，用此段时间来完成摄像机的摆正，使Logo主视觉中心对齐到画面中间，如下图所示。

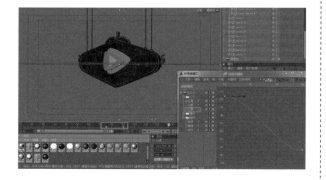

为了让定版之后不那么呆板，在定版之后为摄像机加上一些向后移动的动画。

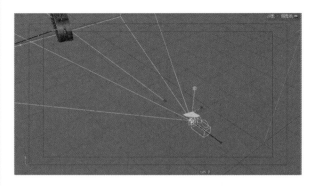

关键帧设置参考下图。

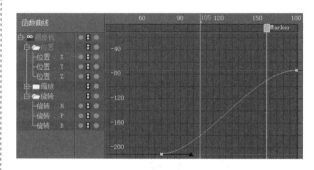

8.2.4 动画的渲染输出

❶ 添加合成标签

Logo主视觉的背板需要添加单独渲染的通道，右键单击[Behind object]（即Logo主视觉的背板），选择[CINEMA 4D 标签]—[合成]，如下图所示。

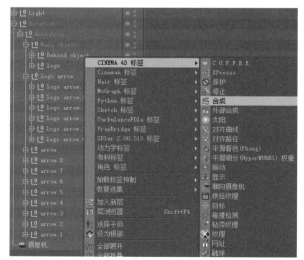

完成后，选择[合成标签]，在属性栏中切换到[对象缓存]栏，勾选[缓存1]的，如右图所示。

❷ 渲染设置调节

单击[🖼渲染设置]图标，在弹出的窗口中修改渲染设置，如下图所示。

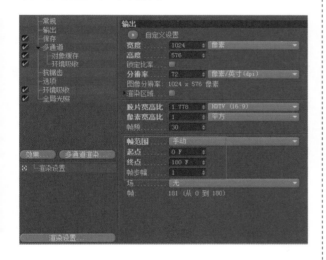

在[多通道]上单击右键选择[对象缓存]和[环境吸收]，如右图所示。

选择保存路径，命名为"Martialarts"。修改输出格式为Quicktime，如下图所示。

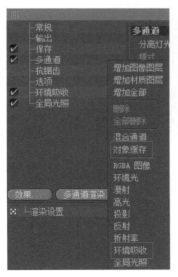

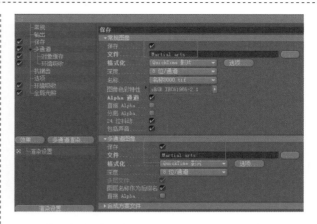

修改抗锯齿，如下图所示。

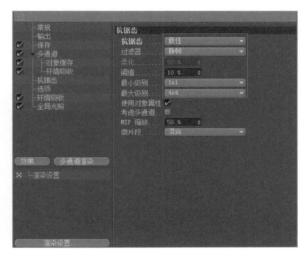

单击[🖼渲染到图片查看器]图标进行渲染输出。

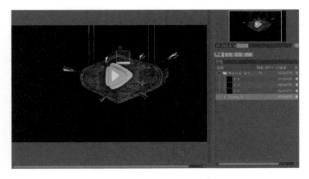

8.2.5 腾讯武侠篇 Slogan 三维字制作

❶ 三维字的纹理制作

打开光盘中的文字曲线工程文件，位置为"Tencent_Martial arts\C4D\Slogan.c4d"，打开后如下图所示。场景内有做好的文字模型和灯光。

先在渲染设置中开启[全局光照]，如图所示。

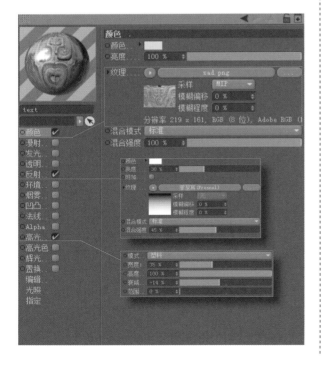

新创建一个材质，命名为"text"，材质调整参数如下图所示，其中所用到的纹理在光盘中，位置为"Tencent_Martial arts\Source\Texture\sad.png"。

将做好的"text"材质球，拖曳至腾讯视频组上，此时渲染结果如下图所示。可以看到纹理显示并不正确。

在对象面板中选择材质球标签，更改标签属性，如右图所示。

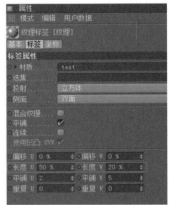

修改完毕后再次渲染，结果如下图所示。已经得到了正确的纹理。

添加摄像机，调整到下图所示的构图。

字的角度最好稍微向上仰一些，因为这样不会显得太呆板，字的透视感会更加好。

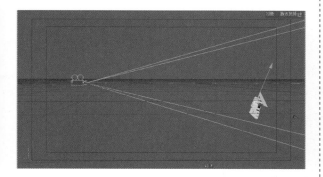

❷ 三维字的入画动画制作

为腾讯视频这4个字添加入画动画。让它们错落地依次从画框外进入到定版的位置。

动画节奏可参考下图，每隔3帧字错落的定下一个，在30帧之前将文字的动画结束。

在文本（下面另一排文字的组）上右键单击选择[CINEMA 4D标签]—[合成标签]，勾选启用[缓存1]，如右图所示。

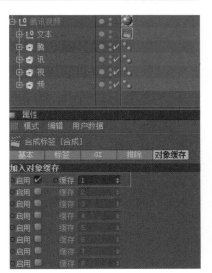

❸ 三维字的渲染输出

单击[渲染设置]图标，在弹出的窗口中修改渲染设置，如下图所示。

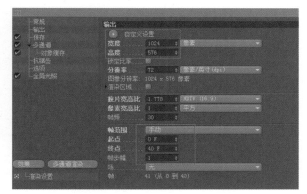

在[多通道]上右键单击选择[对象缓存]。

选择保存路径，命名为"text"。修改输出格式为Quicktime，如下图所示。

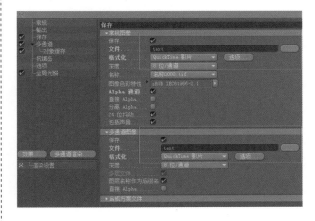

修改抗锯齿，如下图所示。

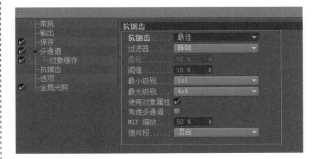

调整完毕后，单击[渲染到图片查看器]图标输出吧！

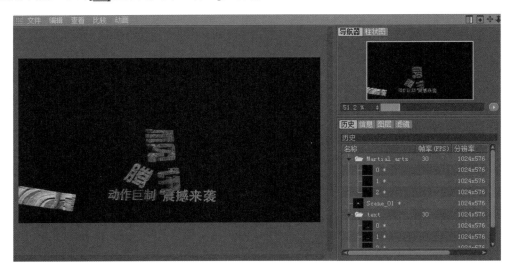

8.3　After Effects 制作部分

8.3.1　三维元素的合成

❶ 使用高级蒙版为LOGO主视觉增强质感

将上步C4D渲
染输出的文件导入
到AE中。

（也可从光盘中
Tencent_Martial arts\
rendered打开）

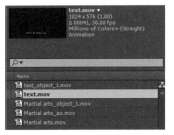

将文件"Martial arts.mov"选中拖入[合成
标签]中。如下图所示。

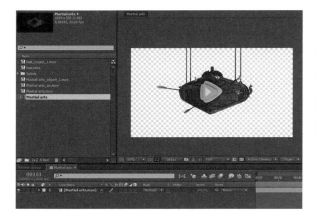

接下来需要单独对Logo主视觉的背板做调
整，将项目窗口中的"Martial arts_object_1.mov"

放入合成时间线上，并把原来的"Martial arts.
mov"层复制一份将其作为蒙版。如下图所示。

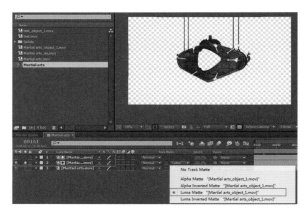

为此层加入调色特效[Color Balance]（色彩
平衡），选择菜单[Effect]—[Color Correction]—
[Color Balance]，调整参数如下图所示。

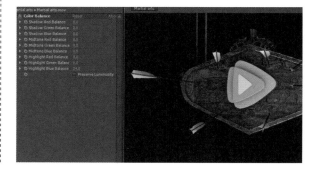

为Logo主视觉再添加一些质感。将"Martial arts.mov"层与其蒙版层一起复制一份，关闭特效属性，为它添加Mask遮罩，将[混合模式]改为[ADD]，如下图所示。

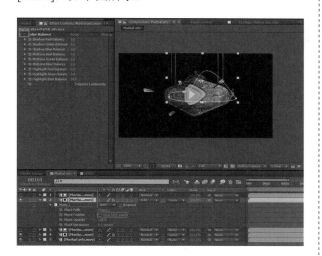

这时再强化阴影感觉，从项目窗口中将ao层拖曳到时间线上，更改[混合模式]为[Multipy]，打开[使用底层透明区域]按钮，如下图所示。

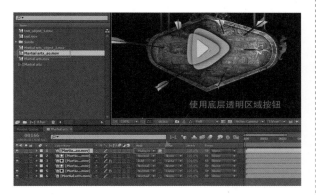

使用底层透明区域按钮

此时仔细观察Logo主视觉的边缘，可以发现有一些颜色的溢出。这点很重要，因为每个像素都会影响成品的质量，接下来我们把瑕疵消除吧！

将原始层复制一份移到最顶层，更改[混合模式]为[Stencil Alpha]。

溢出区域

此时边缘的溢出已经得到解决。

溢出区域

❷ Slogan文字的合成

将"text.mov"和"text_object_1.mov"从项目窗口中拖曳至时间线尾端，将"text_object_1.mov"作为"text.mov"的蒙版层提取出下层Slogan文字。如下图所示。

为此层制作Mask遮罩的动画，让文字从左至右顺序显现。如下图所示。

将这两层一起复制一份，将下层的Mask遮罩动画关闭并修改遮罩模式。如下图所示。

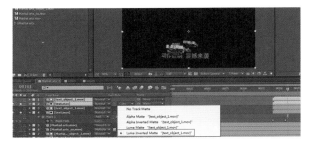

打开Alpha通道，仔细观察会发现有一些溢出的边没有遮掉，在这里我们仅用Mask遮罩遮挡一下就好。如下图所示，当上行的文字飞入画面的时候设置一个关键帧移走。

为此层添加特效CC Light Sweep（扫光），选择菜单[Effect]—[Generate]—[CC Light Sweep]，为特效的[Center]属性设置关键帧，让扫光从字的左边移到右边，如下图所示。

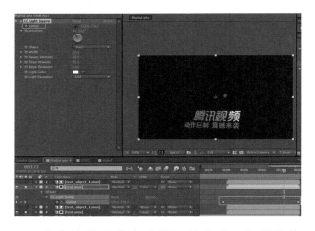

现在渲染元素合成就已经完成，如果渲染出来的Logo主视觉在构图中不太理想，通过后期手段可以很方便地修复。如右图所示。

新建一个"Null object"空物体，将所有与Logo主视觉相关的层指定为空物体的子集链接。

90帧（即3秒）左右是一段甩镜头的动画，可以通过这一段快速的节奏来借助空物体移动Logo主视觉元素来让构图更加的美观。如下图所示。

❸ 刀光的制作

新建一个合成，命名为"Flash knife"，如下图所示。

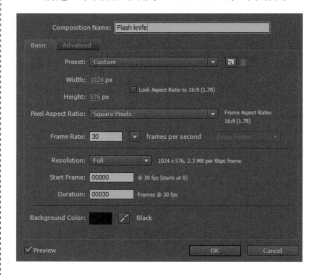

在此合成中新建一个Solid固态层，修改层名为"Big"，并用钢笔工具绘制一条线，如下图所示。

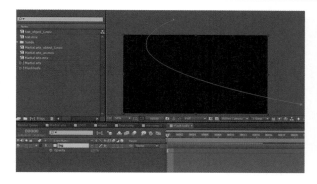

添加特效3D Stroke（3D 线条），选择菜单 [Effect]—[Trapcode]—[3D Stroke]，参数调整如下图所示。

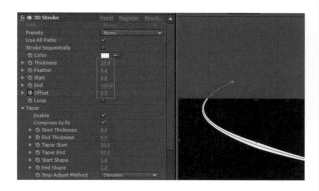

提示：3D Stroke是Trapcode公司开发的线条绘制工具。是一款强大的第三方插件，请确保AE正确安装此插件。

在其特效面板中打开[Offset]的秒表开关，制作关键帧动画，如下图所示。

将big层复制一份，修改层名为"little"，调整Mask曲线，如下图所示。

调整此层参数，让"little"层的线条更加的细，如下图所示。

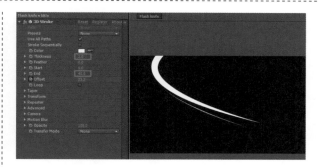

将little层复制出一份，调整参数，做出另外一条细线，如下图所示。

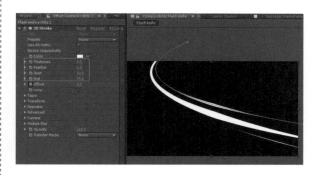

使用与上步相同的方法，再做出第二道与第三道刀光。如下图所示。

第二道光　　　　　　　　第三道光

让这几道光错落地依次从画面中出现，可参考下图的时间线分布。

8.3.2　背景的合成制作

❶ 创建背景

新建一个合成，命名为"Final Comp"，设置如下图所示。

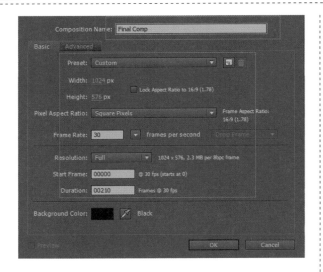

合成建立好之后将之前做好的"Flash knife"和"Martial arts"拖曳至时间线上。"Martial arts"层的首帧放在时间线上第10帧的位置，然后右键单击此层选择[Time]—[Enable Time Remapping]，将此层的末尾时间延长。

导入背景素材，位置为"Tencent_Martial arts\Source\Compose\city1.jpg"，将素材放入合成时间线中，如下图所示。

将"City1.jpg"层预合成，命名为"BG-part1"。如下图所示。

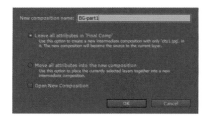

从项目窗口中导入素材，位置为"Tencent_Martial arts\Source\compose\Background-matte.mov"，放入BG-part1的合成时间线中与"City1.jpg"作为蒙版，如下图所示。

回到上一合成Final Comp中。为了让注意力保持在主体所在的画面右端，要弱化左边的背景。建立一个黑色的Solid固态层，将层放置在BG-part1的上一层中，用Mask遮罩将边缘羽化，并在90帧附近的位置添加透明度消失的动画，如下图所示。

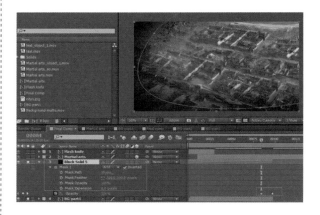

在光盘中"Tencent_Martial arts\Source\compose\"的位置找到"Sky.png"、"hill.jpg"、"env_cloud.jpg"3个图片素材，导入到AE的项目窗口中。将"Sky.png"导入到时间合成线上，并将预合成命名为"BG-part2"，如下图所示。

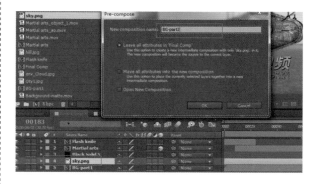

进入到BG-part2合成中，将"env_Cloud.jpg"拖曳至合成时间线上，移动图层位置并绘制Mask遮罩，如下图所示。

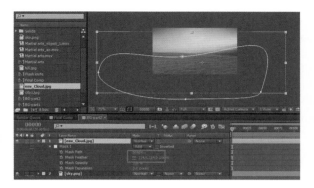

如果要让云朵移动起来并且具有透视效果仅仅移动位移是不够的，还需为此层添加特效Transform（变换），选择菜单[Effect]—[Distort]—[Transform]，调整参数和动画关键帧，如下图所示。

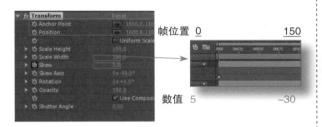

为此层加入特效Cureves（曲线）和Fast Blur（快速模糊），选择菜单[Effect]—[Blur&Sharpen]—[Fast Blur]和[Effect]—[Color Correction]—[Curves]。调整参数如下图所示。

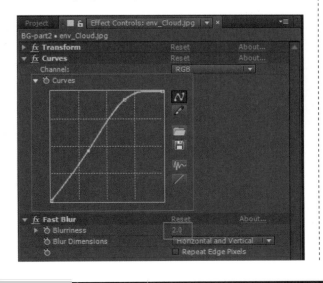

从项目窗口中将"hill.jpg"拖曳到时间线上，移动位置并绘制Mask遮罩，如下图所示。

为了让整个背景暖色更加多一些，新建一个橙色固态层并绘制Mask遮罩，如下图所示，将[混合模式]改为[ADD]。

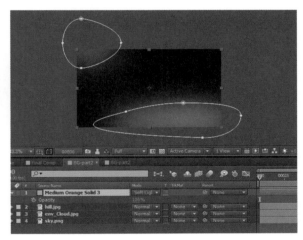

调整对比，如下图所示。

调整前　　　　　　　　调整后

❷ 背景的衔接转换

回到上一层Final Comp合成中，选中"BG-part1"添加特效[Motion Tile]（运动拼贴），选择菜单[Effect]—[Stylize]—[Motion Tile]，调整参数，如下图所示。

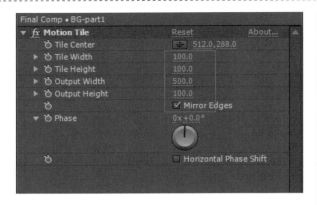

转换位置为"BG-part1"层制作向右移动的关键帧动画，并开启[运动模糊]开关，如下图所示。

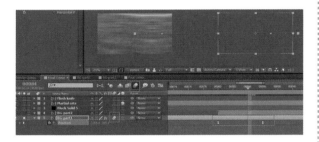

选中"BG-part2"层，按<P>键调出[位移]属性，右键单击Position，选择[Separate Dimensions]（位置轴向分离），如下图所示。

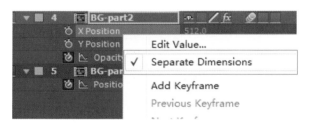

为X Position和透明度Opacity制作关键帧，在第85帧和100帧X Position的数值分别设置为-800和默认值512。在第85帧和90帧透明度分别设置为0与100，如下图所示。

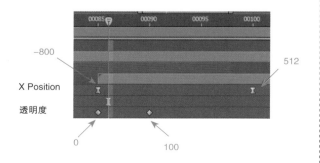

提示：选中X Position上的关键帧，按<F9>键切换关键帧动画类型。

调出动画曲线编辑器，选中X Position单击[▣Graph Editor]动画曲线编辑器，调整动画关键帧曲线，如下图所示。

再次导入素材"SE003H.mov"，在光盘中位置为"Tencent_Martial arts\Source\compose\SE003H.mov"。这是一段天空的素材，将它拖曳至时间线上，移动它的位置并绘制Mask遮罩，如下图所示。

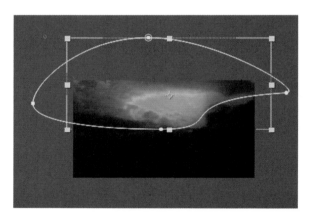

将此层放在"Martial arts"层的下方，效果如下图所示。

背景的色彩有些灰，需要加强一些对比度。新建一个Adjustment layer（调整层）放在"SE003H.mov"层的上方，添加效果Levels(色阶)，选择菜单[Effect]—[Color Correction]—[Levels]，调整参数，如下图所示。

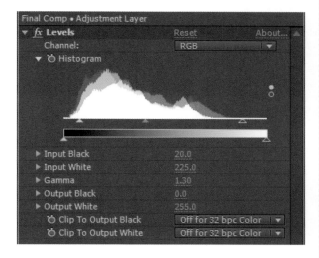

调整后效果如下图所示。

❸ 利用粒子系统为画面增添氛围

新建一个Solid固态层，命名为"Dust"。添加特效Particular，选择菜单[Effect]—[Trapcode]—[Particular]，将"Dust"层放置"Martial arts"层之下，用这层制作扬尘的效果，如下图所示。

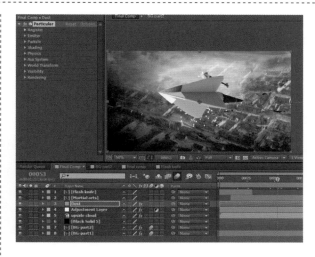

Particular特效参数，如下图所示。

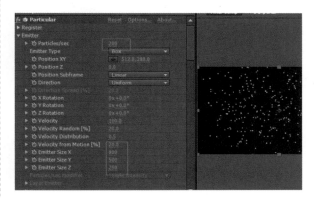

Emitter 发射器调整

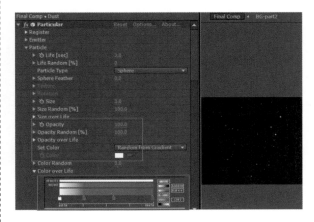

particle 发射粒子属性调整

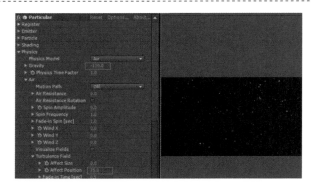

Physics 物理属性调整

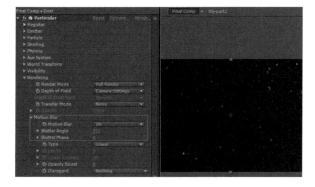

Rendering 渲染属性添加运动模糊

调整后的细节效果如下图所示，可以看到背景上有了一些粒子。

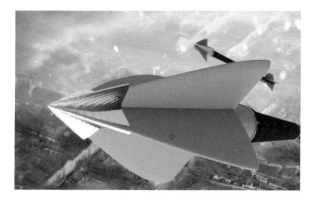

❹ 利用粒子系统制作云层飘动的效果

在项目窗口中导入素材"Cloud_map.png"，在光盘中位置为"Tencent_Martial arts\Source\compose\Cloud_map.png"。将其导入Final Comp时间线中，然后预合成，如下图所示。

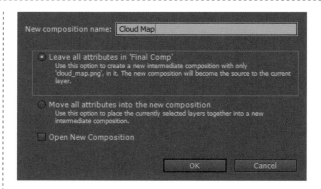

进入到Cloud Map合成中，为此层添加特效Drop Shadow（阴影），具体调整参数如下图所示。

回到上层Final Comp合成中，关闭Cloud Map的眼睛显示按钮，新建一个Solid固态层，命名为"particle clouds"，添加特效particular。如下图所示。

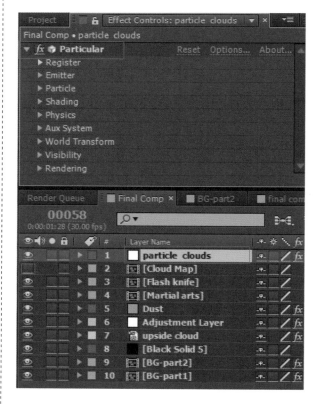

参数调整如下图所示。

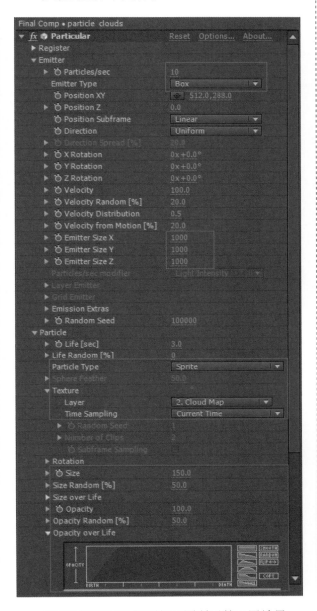

调整完毕后可以得到如下图所示的云层效果。

将此层的[混合模式]切换为[Soft light]，效果如下图所示。

将"particle clouds"复制一份，将其移到"Martial arts"层的下方，将[混合模式]还原为[Normal]，调整此层particular的参数，变换更丰富的效果，具体参数如下图所示。

8.3.3 画面细节合成

❶ 添加光效增强画面质感

新建一个Solid固态层，命名为"Flash_light"，添加特效Optical Flares，菜单[Effect]—[Video Copilot]—[Optical Flares]，然后将[混合模式]切换为[Screen]，如下图所示。

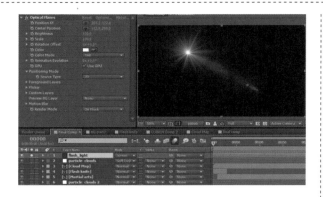

提示：Optical Flares是著名的Video copilot公司开发的一款第三方光效插件，请确保AE正确安装此插件。

在特效面板中单击Optical Flares的[Option]按钮，在弹出的窗口选择一个光效，调整如下图所示样式，完成后单击[OK]按钮。

移动光源的中心点Potion XY到左上方的位置，并为Brightness（亮度）制作关键帧，让它在0帧时亮度值为200，30帧时消失为0。如下图所示。

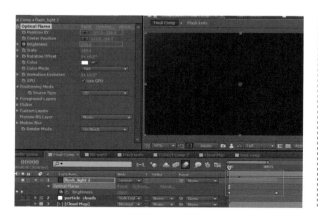

❷ 使用星光背景素材增加细节

在项目窗口中导入素材"STA113B.mov"，在光盘中位置为"Tencent_Martial arts\Source\compose\STA113B.mov"。将其导入Final Comp时间线中，切换[混合模式]为[Screen]，并增加Mask遮罩控制，调整参考下图。

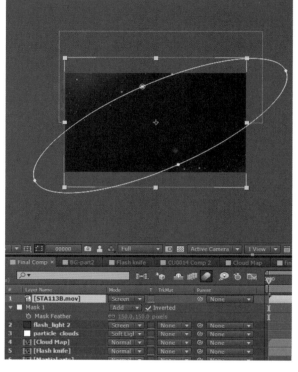

❸ 为箭的周围制作风速感

在项目窗口中导入素材"wind.mov"，在光盘中位置为"Tencent_Martial arts\Source\compose\wind.mov"。将其导入Final Comp时间线中，切换[混合模式]为[Screen]。因为原素材的方向并不正确，右键单击此层选择[Time]—[Time-Reverse Layer]（翻转层时间），如下图所示。

调整"wind"层的位置、缩放、旋转并绘制Mask遮罩控制，如下图所示。

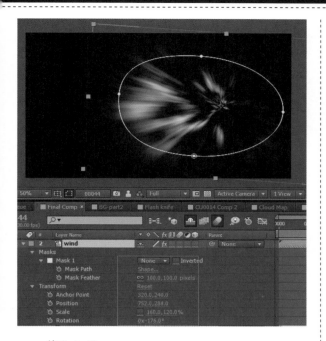

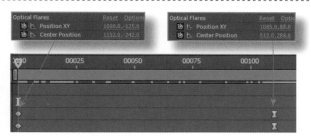

将"wind"移到理想位置与箭的方向一致,调整完毕后效果如右图所示。

最后为"wind"层制作透明度的关键帧,让其在需要的地方才显现,时间节点可参考下图。

❹ 使用光效增加暖光

使用Optical Flares光效为画面增添一些暖色环境色彩,新建一个Solid固态层,命名为"Flares",添加Optical Flares光效插件,调整参数如下图所示。

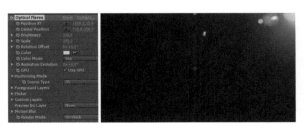

为光效的光源位置制作动态,让光效显得自然一些。如下图所示。

光的出现还需要亮度的变化,为Brightness在0帧和20帧的位置分别设置0和150的值,如下图所示。

❺ 画面的调色

到现在为止,合成工作已经完成了90%!不过画面的色调还是太过灰暗,主体并不突出,如何来修复这些问题呢?其实,通过简单的调色就可以为画面增加点睛之笔。实际上,调色并不仅仅局限在实拍画面中,在CG的制作中使用也非常普遍,是很多人容易忽视的地方,这点尤其重要。

下面,开始非常重要的调色阶段。新建一个Adjustmentt Layer(调整层)为其添加特效Levels,选择菜单[Effect]—[Color Correction]—[Levels],具体调节参数,如下图所示。

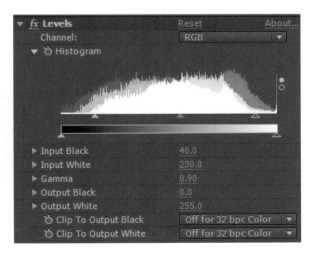

添加特效Clor Balance（色彩平衡）和Sharpen（锐化）。选择菜单[Effect]—[Color Correction]—[Color Balance]和菜单[Effect]—[Blur&Sharpen]—[Sharpen]。

具体参数调整如右图所示。

调过色之后，主体变得更加突出。

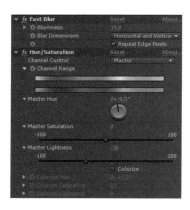

腾讯视频武侠篇的主体元素演绎基本都是集中在画面居中的位置，所以如果将画面的四周压暗，观众更能把注意力集中在主体上。

接下来再制作一个暗角。新建一个Adjustment Layer（调整层）命名为"Vignette"，添加特效Fast Blur（快速模糊）和Hue/Saturation（色相/饱和度）。选择菜单[Effect]—[Color Correction]—[Color Balance]和[Effect]—[Blur&Sharpen]—[Sharpen]。调整参数如右图所示。

将"Vignette"层放在调色层的下面，为其绘制一个圆形的Mask遮罩至保留边缘区域的暗角，如下图所示。

现在，腾讯武侠篇的调色就完成了，与之前未调色的画面对比一下，如图所示。

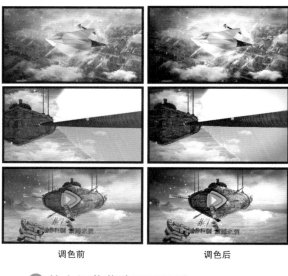

调色前　　　　　　　　　　　调色后

❻ 补充细节营造画面品质

目前，主要的视觉元素都已经合成完毕，如果想让画面的表现力更好，还应再增加一些细节。

在项目窗口中导入素材"Particles_04.mov"，在光盘中位置为"Tencent_Martial arts\Source\compose\Particles_04.mov"。将其导入Final Comp时间线中，切换[混合模式]为[Screen]，并绘制Mask遮罩，调整参数如下图所示。这层利用实拍素材做镜头近处的尘埃。

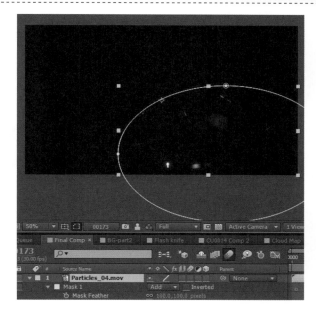

与上步一样，使用Optical Flares效果为画面增添细节，在这里使用长条形的光附着在箭的边缘上，移动层本身的[旋转]和[位移]来制作跟随的动画。

使用Optical Flares光效插件制作一道光，从下行文字上由左至右滑过。

与上述步骤一样，为Logo的边缘增加一些光效。

第 9 章
福建卫视新闻栏目片头

本章介绍

本章主要对分镜部分进行制作与合成，并学习新闻类片头的摄像机动画技巧。

本案例重点

- 福建卫视新闻栏目片头创意思路
- 三维地球制作技巧
- 布尔运算的使用
- 黄金材质的制作
- 增强三维字质感的技巧
- 富有层次的背景绘制
- 福建卫视新闻栏目片头的合成技法
- 镜头和元素的动态技巧

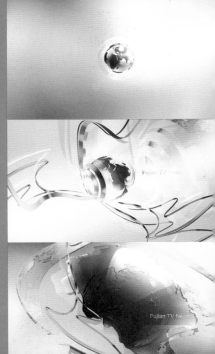

9.1　福建卫视新闻栏目案例解析

9.1.1　品牌简介

"福建卫视新闻"是东南卫视旗下的一档面向全国播报福建时事动态的新闻栏目，节目定位于对外宣传及展示海西发展成就，是对外沟通的重要窗口，节目内容包括时政新闻、海峡观点、东南人物和新闻综合等重要版块。

9.1.2　项目需求

新的改版设计要求栏目符合全球化时代的气质特征，同时强调福建地理位置，在原有基础上进行视觉升级，并且符合东南卫视整体品牌的形象化统一。

项目名称："福建卫视新闻"栏目

服务客户：东南卫视

项目尺寸：720×576 PAL制

项目时长：15秒

YIYK为东南卫视设计的2013年频道整体视觉形象如下图所示。

9.1.3　创意思路

原栏目包装采用蓝色和金色的搭配方式，在栏目片头的演绎中采用了海鸥、海洋等突出福建特色的标志性元素，但在颜色和质感上体现不足，新闻类栏目的包装特质稍显欠缺。在本次形象升级中，我们重点放在新闻类栏目的包装特色，比如加强形象气质的厚重感、增强新闻类包装质感和信息感的融入，依此来凸显新闻栏目的特色。

　　在元素的提炼上,挑选出海洋、地理地图、反射表面的楼房以及金色线条来作为整个片子的创意出发点。海洋的蓝色,一直是东南卫视的主要识别形象之一,我们决定选用深沉稳重的深蓝来作为整个环境的基础色彩。使用反射表面的楼房来凸出质感的表达和信息的反馈,用此来传达透明的感觉。使用地理地图来强调福建的全球位置。然后用金色线条来串联整个片子的前后,作为动势的主要元素。

流畅的金色线条元素

　　金色线条演绎方式丰富多样,它们可以是流动、汇聚、盘旋等极具张力的动态表达。将线条作为演绎主体,围绕栏目时政新闻、信息传播、地理特色等表达元素来做串联主体。在颜色选用上,沿用蓝色和金色的搭配来作为整个片子的主要风格。下图为国外设计作品,同样使用线条作为串联元素。

　　我们根据所搜集的资料和创意,设计了福建卫视新闻的风格图。在最终的画面里,蓝色的福建省地图采用通透的玻璃质感,流动的金色线条结合地图纹理表达信息的传递和时代的变迁。

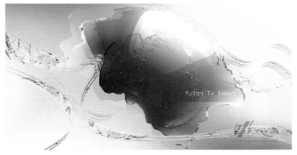

9.2　Cinema 4D 制作部分

本章分镜制作剖析以定版为例，通过此分镜的制作来掌握新闻类片头的视觉表现、合成技巧、三维制作以及构图等知识。

读者在完成定版的分镜制作之后，可完全掌握"福建卫视新闻"关键技术点以及色彩的处理技巧，可使用相同的技术和艺术处理手段将剩余部分分镜绘制完成。

9.2.1　地球的制作

① 路径的制作

在光盘中位置为"FuJian_News\C4D"，打开工程文件"World Map.c4d"，场景中有绘制好的世界地图路径，如下图所示。

在对象面板中，全选所有[路径]，右键单击选择[连接+删除]，合并路径，如右图所示。

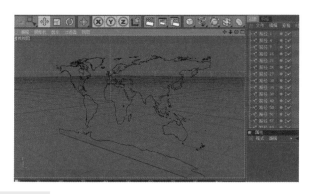

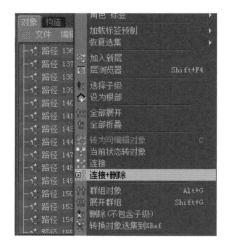

路径合并之后会出现开口，如下图所示。

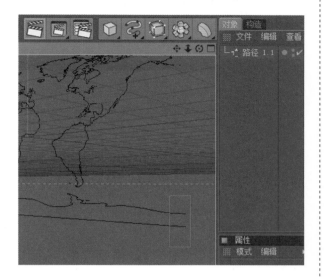

选择[路径]，在属性面板中勾选[闭合样条]就可修复，如下图所示。

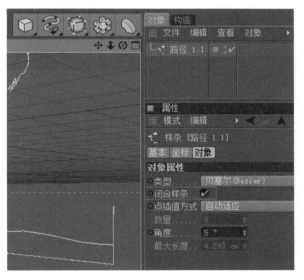

② 地图模型制作

在[Nurbs]图标下选择[挤压NURBS]，将路径放在[挤压NURBS]的子集中，如下图所示。

修改[挤压NURBS]的[封顶]栏，设置参数如下图所示。

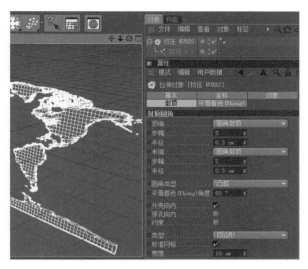

将厚度调整的再薄一些，在对象栏中将Z轴厚度修改为-5，如下图所示。

在[变形器]栏中选择[包裹]变形器，然后切换到正视图，将变形器的大小调整到与地图大小一致，如下图所示。

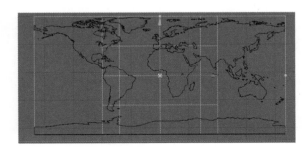

将变形器与地图模型放到同一组中，使变形器对模型起作用，此组命名为"Earth"，如下图所示。

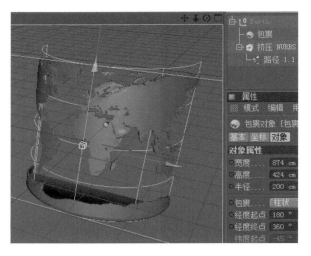

将变形器的包裹方式改为[球形]，然后调整经纬度使模型成地球形状，如下图所示。

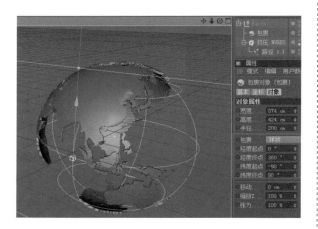

为了方便后续调整，使用[对象轴心]工具将"Earth"组的轴心放置在地球的中央，如下图所示。

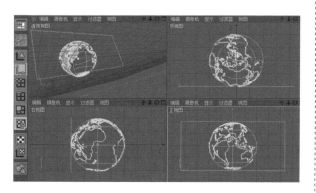

❸ 摄像机构图

创建一个摄像机，做一个对地球仰视的镜头，如下图所示。

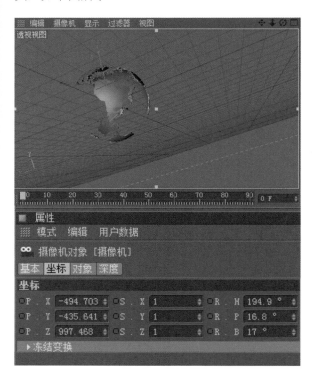

❹ 材质制作

在场景中创建一个[天空]用来作为环境反射，如下图所示。

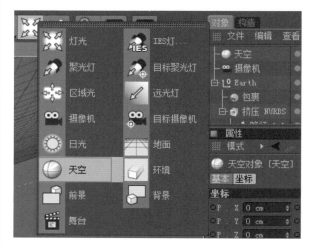

创建一个材质，只开启[发光]属性，在纹理栏中添加贴图"Studio007-1.hdr"，贴图文件在光盘中，位置为"FuJian_News\Source\Studio007-1.hdr"，完成后将材质赋予到[天空]中。

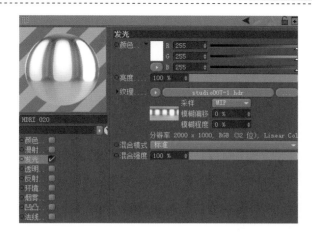

创建一个材质，命名为"Earth_blue"，然后在颜色栏中添加[菲涅耳（Fresnel）]，调整参数如下图所示。

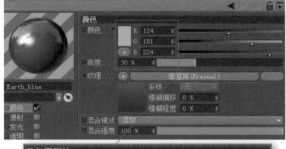

反射栏同样添加[菲涅耳（Fresnel）]，具体调整参数如下图所示。

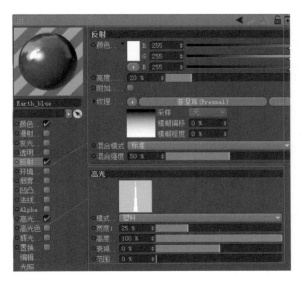

为[🌐天空]添加一个[🖼合成标签]，将[摄像机可见]关闭，如右图所示。

在球的顶部与底部各放一盏泛光灯，灯光属性为默认。

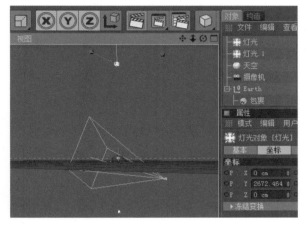

再次创建一盏泛光灯，设置参数如下图所示。

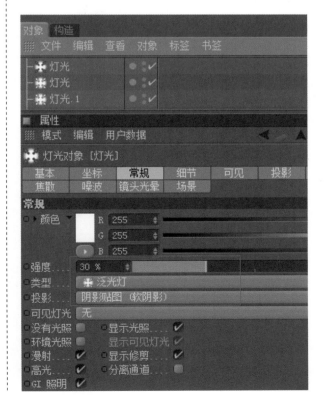

创建[🎆阵列]对象，然后将这盏灯光放入阵列的子集，增加一定数量，将阵列放置在地球的上方，如下图所示。

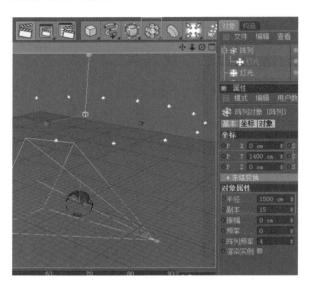

渲染结果如下图所示，因为模型精度并不高，所以有些地方有点粗糙。

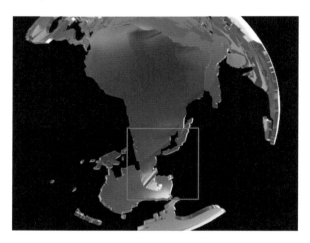

选中[🔷挤压NURBS]，将封顶栏下的宽度细分改为1cm，如下图所示。再次渲染就可恢复。

将这一帧渲染出来留作备用，分辨率可调得大一些，命名为"Earth plate"，如下图所示。

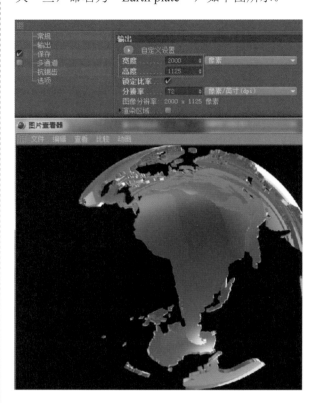

提示：记得开启Alpha通道。

渲 染 结 果 可 参 考 光 盘 中 的 文 件 ， 位 置 为 "Fujian_News\Rendered\Earth Plate.png"。

9.2.2　金色球形边框的制作

❶ 模型制作

创建一个[🌐球体]对象，设置如下图所示。

将球体再复制出来一个，调整半径到245cm，如下图所示，然后将两个球打组，将组重命名为"Ball"。

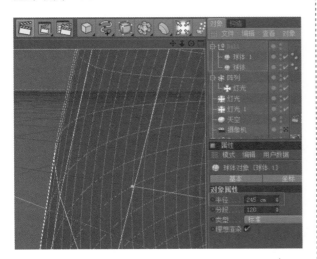

创建一个立方体，调整参数如下图所示。

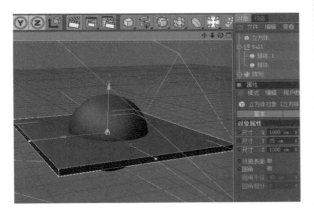

❷ 布尔运算的使用

创建[◎布尔]对象，在对象面板中将"Ball"和立方体放入[◎布尔]的子集中，将布尔类型修改为[A B交集]。这样便得出了相交部分的模型，如下图所示。

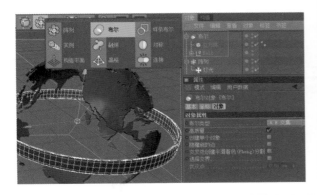

创建一个[⚙克隆]对象，作用于立方体，而后进行克隆，调整位置和数量，如下图所示。

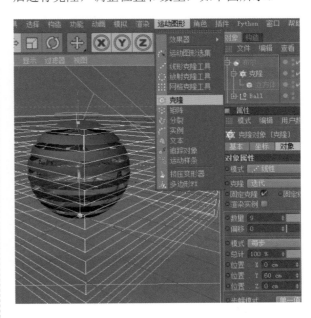

提示：如果运算速度太慢，可以先将球体的分段细分降低，这样方便视图操作，渲染时再调整回来。

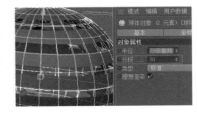

❸ 黄金材质制作

创建一个材质，命名为"Gold"，调整参数如下图所示。

调整"Gold"材质的反射属性，如下图所示。

调整高光属性，如下图所示。

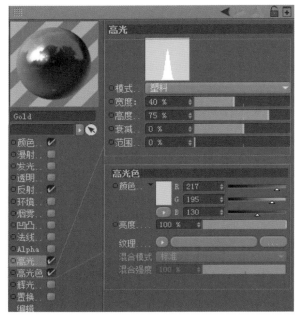

材质制作好以后赋予到[●布尔]上，渲染结果如下图所示。

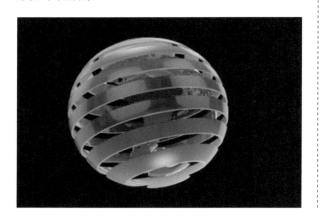

❹ 蓝色玻璃质感

创建一个新的材质球，命名为"Glass"，关闭颜色属性，调整透明参数，如下图所示。

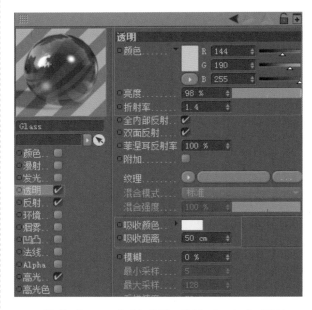

调整"Glass"材质的[反射]和[高光]属性，如下图所示。

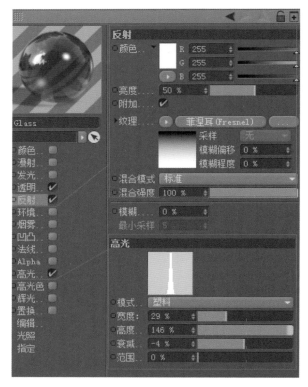

将"Glass"材质赋予到地球板块的模型上，

渲染后效果如下图所示。玻璃的效果显现了出来，但是质感太亮，看上去显得缺乏层次。

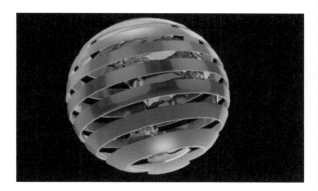

玻璃太亮是因为折射环境的信息太多，所以在[🌐天空]的[🎬合成标签]里将[折射可见]关闭，如下图所示。

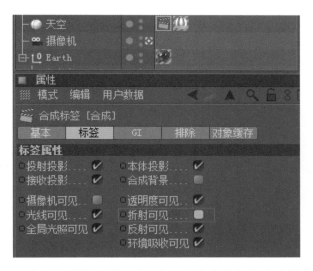

再次渲染后就可得到一个质感厚实的玻璃材质，如下图所示。

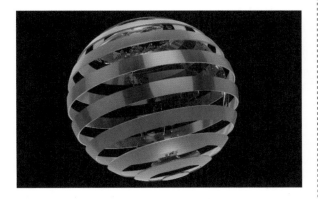

在渲染设置中适当提高抗锯齿级别，然后将此帧保存出来留作备用，保存命名为"Earth"。

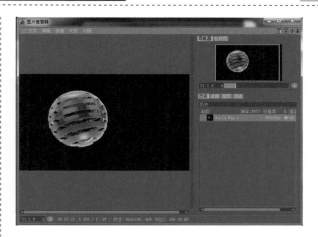

渲染结果可参考光盘中的文件，位置为"Fujian_News\Renderd\Earth.png"。

9.2.3　黄金质感字制作

❶ 导入文字曲线

打开工程文件"FuJianNews.c4d"，在光盘中位置为"FuJian_News\C4D\FuJiangNews.c4d"，场景中有福建新闻的路径线，如下图所示。

❷ 创建文字模型

创建[🔘挤压NURBS]对象，将路径放入[🔘挤压NURBS]的子集中创建文字模型，如下图所示。

在[🔘挤压NURBS]的[对象]和[封顶]栏中增加模型的厚度和正面的倒角，如下图所示。

③ 文字材质调节

将之前场景做好的黄金"Gold"材质与天空环境以及灯光复制到这个场景中,然后将"Gold"材质赋予到模型上,如下图所示。

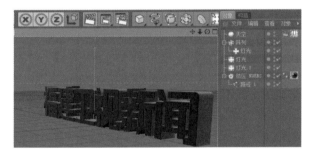

现在渲染效果的质感并不丰富,接下来为模型的正面、侧面、倒角分别赋予不同的材质。在材质栏中将"Gold"材质复制出一份并命名为"Gold-2",调整发光属性,将材质增亮一些,如下图所示。

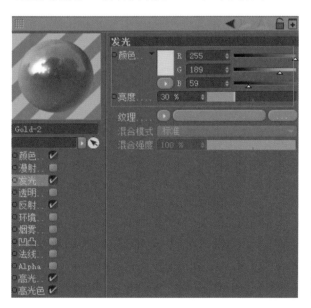

再将"Gold"材质复制一份,命名为"Gold-3",调整[颜色]与[反射]属性,将此材质调暗一些,如下图所示。

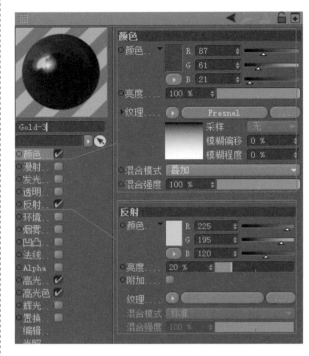

将调好的3个材质赋予到模型上,将"Gold-3"材质放在最前,如下图所示。

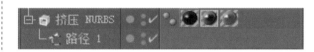

将"Gold"材质选集输入C1,投射到正面,如右图所示。

将"Gold-2"材质选集输入R1,投射到正面倒角,如左图所示。

再次渲染后,结果如下图所示,模型的正面、侧面、倒角都有不同的材质表现。

❹ 调节模型材质增强质感

创建一个[■FFD]晶格变形器，在对象面板中将[■挤压NURBS]与[■FFD]放入同一组集中，如下图所示。

将[■FFD]变形器的对象尺寸调整到下图所示大小。

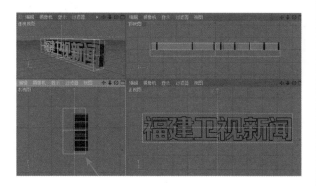

提示：文字模型的背面不需覆盖。

切换到点编辑模式下，选择变形器中间3个点向外拖曳一些，使文字的中心鼓出去一部分，如下图所示。

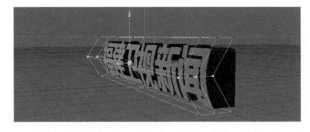

渲染结果如下图所示，仔细观察可以看到模型的表面上有些地方不圆滑，这是因为模型的细分不够，无法满足变形器的要求。

选择[■挤压NURBS]，在封顶栏中修改，参数如下图所示。

修改完挤压的细分之后，在图中可以看到有些地方仍旧粗糙，这是因为[■挤压NURBS]是以路径线的形状作为挤出模型，所以模型的细分也会受到路径线的影响。

选择路径，在属性面板中增加对象栏下的细分数量，如下图所示。

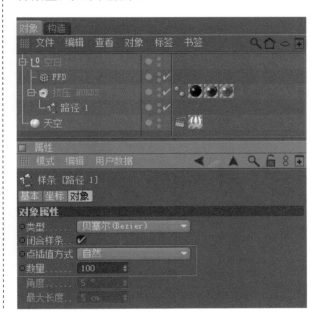

创建一个摄像机，使文字居中，如下图所示。然后将此帧渲染保存留作备用，命名为"FuJianNews"。

9.2.4　线条元素制作

❶ 金色粗线条制作

新建一个场景，使用立方曲线工具画出S形螺旋线条，用摄像机摆好构图，如下图所示。

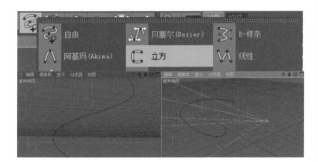

创建一个立方体，使用样条约束将其绑定到螺旋线上，调整样条约束设置与立方体的大小到合适形态，如下图所示。

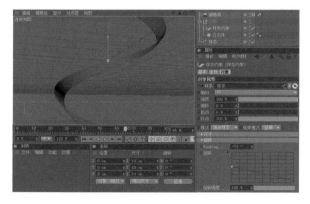

将之前场景做好的"Gold"材质、灯光以及天空环境复制到当前场景中，将材质赋予到模型上，如下图所示。

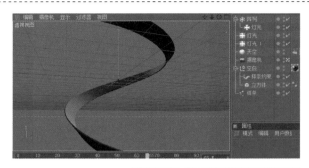

渲染后效果如下图所示。调整渲染设置，使其与之前工程设置相同，然后将此帧命名为"Gold line"，输出留作备用。

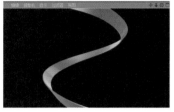

工程可参考光盘中的文件，位置为"Fujian_News\C4D\Glod line.c4d"。

❷ 蓝色线条制作

创意设定中还有蓝色线条作为辅助元素，复制"Gold"材质，命名为"Blue"，材质调整如下图所示。

渲染效果如下图所示。

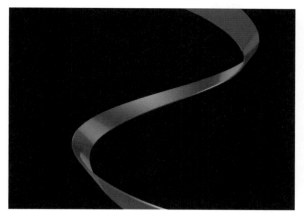

使用同样的方法制作一些细小的线条，命名为

"Blue Thin Line"，输出留作备用，如下图所示。

工程可参考光盘中的文件，位置为"Fujian_News\C4D\BLue Thin line.c4d"。

9.3　After Effects 制作部分

9.3.1　构图的摆放

在AE中导入制作好的元素，文件在光盘中位置为"FuJian_News\Render"。

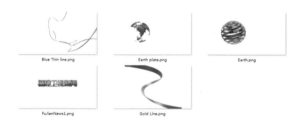

创建一个合成，命名为"C6"，合成设置参数如下图所示。

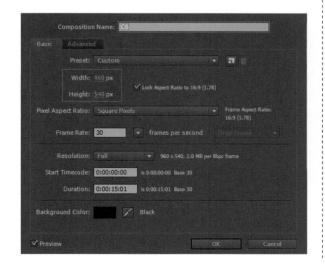

在合成中创建一个米色的固态层作为背景，固态层命名为"BG"，如下图所示。

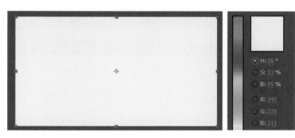

将除了地球板块"Earth Plate.png"以外的4段素材放入合成中，调整构图，如下图所示。

将福建卫视新闻"FuJianNews.png"层进行预合成，选择第一项，如下图所示。

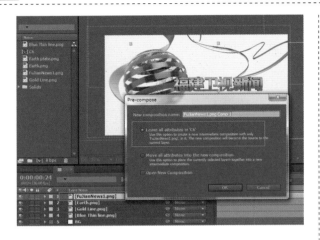

9.3.2 元素的色彩合成

1 黄金质感字的合成

进入"FuJianNews.png"合成中,为此层加入Levels(色阶),选择菜单[Effect]—[Color Correction]—[Levels],调整字的亮度,如下图所示。

因为黄金质感是黄色偏一点儿橙色,可以切换到[Levels]的[Red]通道,调整如下图所示。

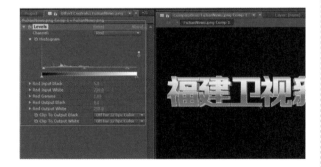

将此层复制一份,[混合模式]切换为[Screen],使用Mask遮罩将上半部分控制,如下图所示。

效果如下图所示。

2 地球的合成

回到C6合成中,选中"Earth.png"层,将其预合成,选择第一项,如下图所示。

进入到地球"Earth"合成中,为此层添加Levels(色阶),调整参数如下图所示。

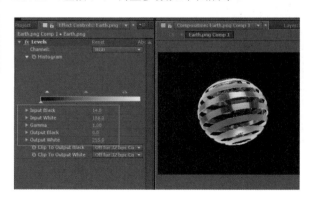

将此层复制一份,[混合模式]切换为[ADD],使用Mask遮罩控制中间部分,与下面的一层叠

加，如下图所示。

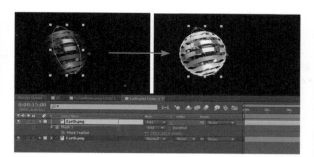

绘制高亮部分，将此层再复制一份，与上面步骤一致，这次使用Mask控制更小的区域，如下图所示。

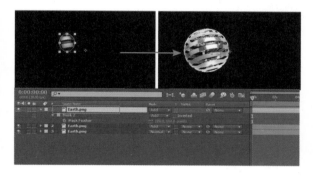

在合成中导入地球板块"Earth Plate.png"，然后将[混合模式]切换为[Stencil Alpha]，效果如下图所示。

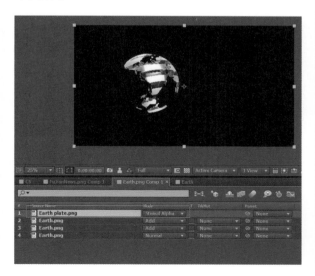

将最下层的"Earth.png"复制一份到最顶层，然后使用Mask遮罩控制，如下图所示。

将此层复制一份，然后将[混合模式]切换为[Overlry]，如下图所示。

将此层再复制一份，混合模式切换为[Sceen]，调整Mask遮罩，如下图所示。

从项目窗口中将地球板块Earth plate.png放入合成中，添加效果Hue/Saturation（色相/饱和度）、Curves（曲线）、Sharpen（锐化），选择菜单[Effect]—[Color Correction]—[hue/Saturation]、[Effect]—[Color Correction]—[Curves]和[Effect]—[Blur&Sharpen]—[Sharpen]。将蓝色版块调成黄色，如下图所示。

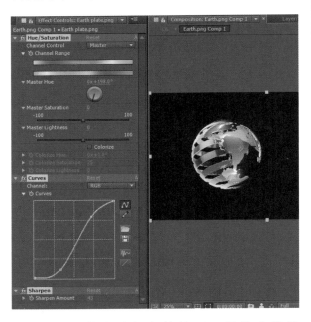

将此层作为边框上的纹理，调整它的缩放和位置到合适的角度后将[混合模式]切换为[Overlay]，如下图所示。

使用Mask遮罩控制此层纹理的范围，如下图所示。

打开此层的[使用底层透明区域]开关，让纹理控制在固定区域。

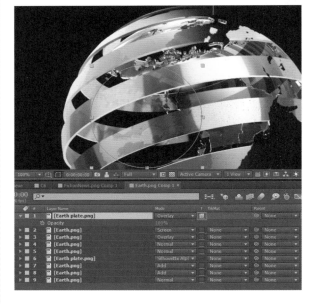

9.3.3　富有层次的金色背景绘制

回到上层 "C6" 合成中绘制背景，隐藏其他层单独调整背景，将 "BG" 层复制一份，[混合模式]切换为[Multiply]，然后用Mask遮罩控制，如下图所示。

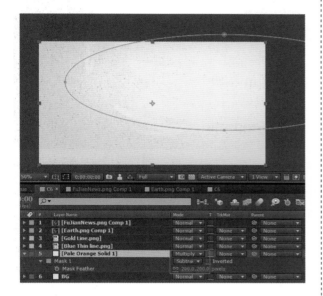

新建一个泛黄的灰色固态层，用Mask遮罩控制将左边边角区域压暗，如下图所示。

创建一个土黄色的固态层，用Mask遮罩控制将左下方压暗，如下图所示。

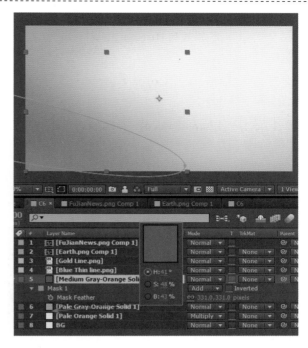

创建一个灰色固态层，用Mask遮罩控制将画面上方压暗，如下图所示。

创建一个米色固态层，切换混合模式为[Screen]，用Mask遮罩控制将上方提亮，如下图所示。

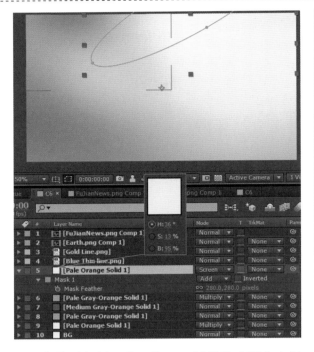

将此层复制一份，将Mask遮罩移动到右方提高高亮区域，如下图所示。

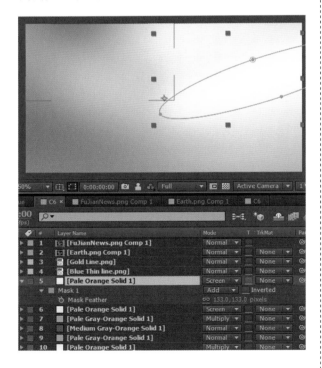

9.3.4　合成环境的细节

❶ 合成金色线条

将层打开，选择"Gold line.png"加入效果

Levels（色阶），调整如下图所示。

将"Gold Line.png"层复制一份，混合模式切换为[Multiply]，使用Mask遮罩将上方控制，如下图所示。

❷ 背景纹理的合成

从项目窗口中将"Earth Plate.png"拖入合成中，放在渲染素材的底部，并使用Mask遮罩控制，如下图所示。

为此层加入Tint（着色），选择菜单[Effect]—[Color Corrction]—[Tint]，然后将[混合模式]切换为[Overlay]，如下图所示。

将此层复制一次，让背景的地球纹理明显一些，如下图所示。

选择"Earth.png"层，用Mask遮罩控制将地球的边缘虚化一些，如下图所示。

将此层再复制一层，选择下一层的地球，调整[缩放]和[位置]以及[透明度]，制作地图的重影来丰富背景，如下图所示。

选择蓝色细线"Blue Thin line.png"，将[混合模式]切换为[Overlay]，如下图所示。

❸文字光效的质感合成

从项目窗口中导入素材"Flare.tga"，在光盘中位置为"FuJian_News\Source\Flare.tga"，将"Flare.tga"放入合成时间线上，添加Hue/Saturation（色相饱和度）和Fast Blur（快速模糊），调整参数如下图所示。

将"Flare.tga"复制多份，然后调整[缩放]与[旋转]，将它们放置在福建卫视新闻倒角位置，如下图所示。

将做好的"Flare.tga"层预合成到同一个Comp中，将此层的混合模式切换为[Screen]，然后添加辉光[Glow]，调整参数如下图所示。

创建一个Adjustment Layer调整层，为画面做最终的输出处理，添加色阶[Levels]调整对比度，添加[Sharpen]将画面元素锐化一些，调整参数如下图所示。

好了，到此"福建卫视新闻"的分镜定版就完成了！

9.4　动态制作解析

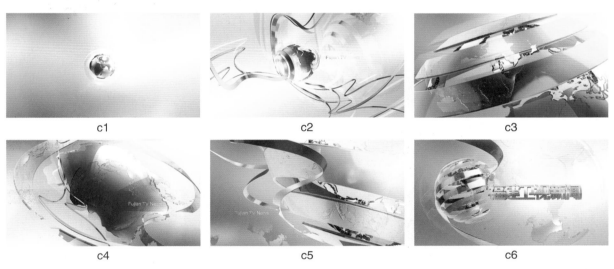

新闻类片头最重要的是需要突出画面的稳重和大气，让观众通过视觉形象感受到栏目的权威与公正，如果画面里的动作太多、元素太复杂，不免会让人产生浮躁、轻佻的感觉。

因此，在动态的设计上，我们需要将元素的动画控制得尽量整齐，动作不要有太多的曲折，同时也会在分镜上做一些取舍。比如，在第2张分镜C2的镜头中，可以看到构图非常美观，但是如果要将它做成动态的话，太多的线条同时运动起来会让画面显得凌乱。因为主体在画面里的比例较小，而线条占的比例较大，而且线

动态执行处理的构图

条是同时在3个方向衍生。所以，处理起来会比较棘手。最后，我们将第2张分镜换成了线条从同一方向入画的动态，构图也做了较大改变。

在这个过程中，我们会提前制作一些简单的元素动态小样，一方面来测试技术实现问题，检查是否需要特效技术部门的支持，另一方面就是在头脑中对画面的最终效果有清晰的认识，方便在后面制作

Layout镜头过程中，可以通过动态小样，来想象画面的最终呈现效果。

在最后的执行过程中，我们还发现，只有分镜中的元素还不够，因为在镜头拉近主体的时候希望有更多的细节表现，这时我们又加入了一些相关细节元素——圆环和点阵，这两项在增强画面细节的同时还强调了信息的感觉。

圆环　　　　　　　　　　　点阵

9.4.1　动态元素的制作

❶边框动画制作

打开工程"Motion Test.c4d"，在光盘中位置为"FuJian_News\C4D\Motion Test.c4d"，场景中有之前用来做分镜的地球部分，如下图所示。

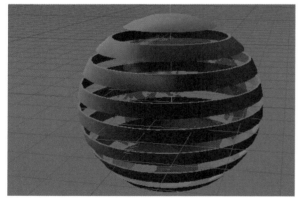

选中[布尔]组下的[克隆]，移动Y轴向即可制作边框的动画。在这里，我们制作的是0～100帧移动Y轴，实现从无到有的动画，如下图所示。

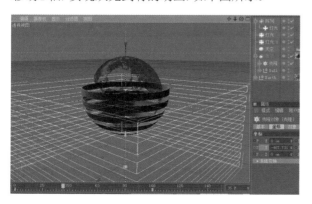

创建一个[包裹]变形器，调整到地球和边框之间的大小，具体参数如下图所示。完成后将[包裹]变形器打组，将组名命名为"Ring Line"。

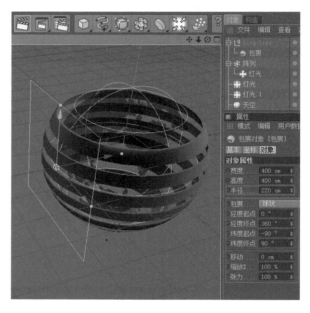

❷圆环动画制作

创建一个[圆柱体]放入"Ring Line"组中，使其呈环状包围，具体调整参考下图。

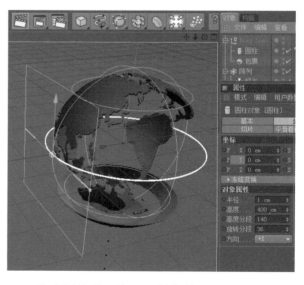

移动圆柱的Y轴即可制作从下到上的动画，如下图所示。在此我们设置的关键帧是0和40帧，分别设置为-200cm和200cm。

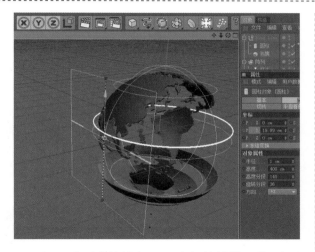

打开动画曲线编辑器。选择关键帧，将[动画类型]改为[线性]，如下图所示。

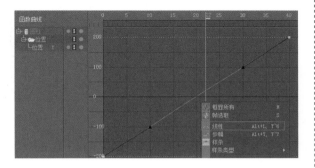

创建一个克隆，将"Ring Line"组放入子集，调整参数，如下图所示。修改完毕后，几乎没有变化，这是因为克隆在同一位置。

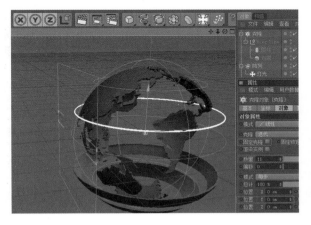

为克隆添加效果器[步幅]，去掉变换属性，使用步幅为克隆的物体做时间偏移，具体调整参数如下图所示。

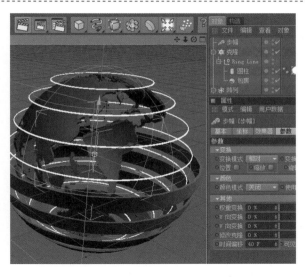

检查顶部可以发现在圆环消失的地方仍旧留了一个白点，这是因为包裹并不会将物体完全挤压到一个点上。

选择圆柱，在开始与消失时，为[半径]属性设置关键帧，让圆环最后一帧为0cm，如下图所示。打开动画曲线编辑器，将动画曲线类型改为[线性]。

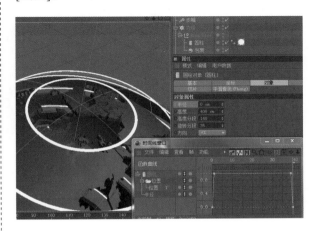

③ 动态贴图绘制

地球的表面必须有一层点阵的动画细节，这一部分需要由AE和C4D共同配合完成。打开AE，创建一个合成，命名为"Point Map"，设置参数如下图所示。

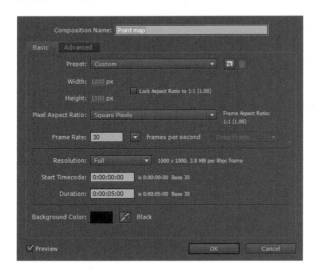

新建一个固态层，添加效果 CC Ball Action（CC 球状化），菜单[Effect]—[Simulation]—[CC Ball Action]，调整成点状，如下图所示。

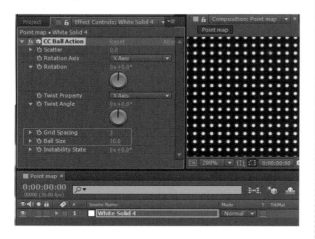

制作一个动态蒙版，再次创建一个固态层，加入效果Fractal Noise（分形噪波），调整参数如下图所示。

调整好此层之后，将其预合成层命名为"Matte"，选择第二项，如下图所示。

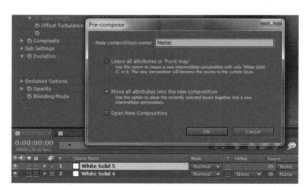

进入"Matte"合成中，为Fractal Noise的[Evolution]属性制作关键帧动画，在第0帧和第3秒的位置分别设置0度和720度，如下图所示。

调整完毕后，将此层从中间切开，按键盘组合键<Ctl+Shfit+D>，如下图所示。为了方便识别，将层分别命名为"A"和"B"。

将层的时间错开，如下图所示。

为上一层制作透明度的消失动画，如下图所示。

回到上层"Point Map"合成中，将"Matte"作为蒙版，如下图所示。然后将合成时间调整到与动画同等长度。播放即可看到已经制作好的一段循环动画。

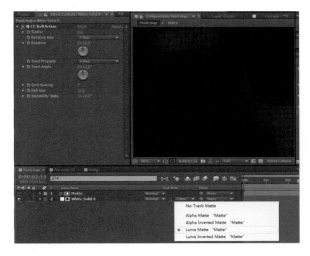

调整完毕后，将做好的贴图输出，选择Quicktime格式，压缩为PNG，如下图所示。

❹ 三维的材质

回到C4D中，创建一个球体，命名为"Point Ball"，修改半径大小为地球板块与圆环之间的大小，如下图所示。

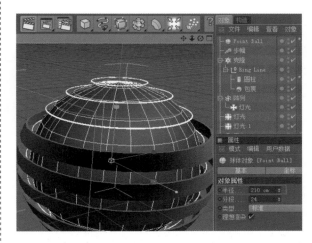

创建一个材质，命名为"Point Map"，打开[发光]属性让材质成为白色，然后在[Alpha]纹理通道中添加刚才制作好的"Ponit Map.mov"，如下图所示。

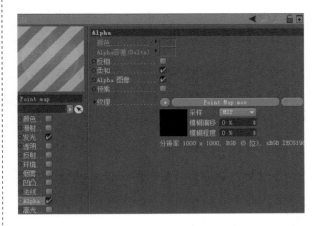

材质做好后将它赋予到"Point Ball"上，渲染后效果如下图所示。

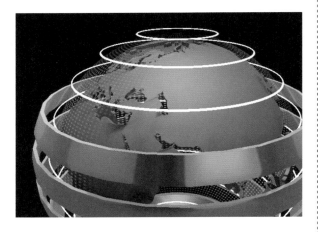

打开材质的Alpha纹理栏，在动画栏中调整，如下图所示，这样播放动画时就能有动态的纹理效果。

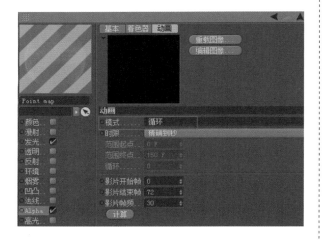

将之前做好的蓝色玻璃材质赋予到地图板块后渲染，如下图所示，可以看到玻璃折射出来很多杂乱的纹理。

为"Point Ball"添加[合成标签]，将其中的[透明度]、[折射]、[反射可见]关闭，再次渲染就不再出现杂乱的纹理，如下图所示。

9.4.2　镜头动画制作解析

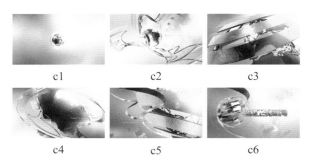

c1　　　　　　c2　　　　　　c3

c4　　　　　　c5　　　　　　c6

❶ 镜头风格

新闻类栏目的特点，在上节中已经提到过，稳重和大气是非常重要的。所以，在镜头的运动方式上，如果要突出这两点，只需将摄像机的运动轨迹做到厚重，以及在取景上将物体显示得雄伟，就可以比较好的诠释稳重与大气的镜头特征。

那么，什么叫作运动轨迹的厚重呢？可以想象一下，一个高大的壮汉是不是感觉很厚重扎实，如果他要跑起来是什么样子？因为他体积比较大，所以在发力的时候会有比较长的蓄力时间，不可能像一个轻盈的瘦子一样，拔起腿就能跑。所以，可以将人类大脑对物理的认知常识运用到动态制作过程当中。厚重感这点在"福建卫视新闻"的开头部分与结尾部分最为明显。要想使主体比较雄伟，只需要在镜头上做一些仰角，就好像你看高大的建筑物一样。

"福建卫视新闻"画面开头部分

"福建卫视新闻"画面定版部分

可以看到短短15秒的"福建卫视新闻"片头中，有一半的时间放在了启动与定版阶段，所以时间相对长，就感觉厚重，将厚重大气感重点放在头尾可以比较好的承上启下，这样就能将画面的气场压住。

❷ 镜头结构

镜头的风格确定以后就要开始设置分镜的前后如何衔接，即如何使用镜头运动轨迹过渡到下一个镜头，简单来说，就是当前分镜中有几张可以在同一个镜头中诠释，如果不能前后衔接的分镜就要考虑使用切镜头或者转场等方式来过渡。在确定好了衔接方式以后，镜头数量便自然出来了，最后将画面整体节奏分布在各个时间点中。一般来说，一条片子通常分为3个阶段，分别是前奏、高潮和结尾，而根据时间长度不一，高潮部分的数量也会不同。15秒的片头通常能容纳1～3个小高潮，在"福建卫视新闻"项目中，我们设置了2个高潮点，分别是3秒处和8秒处。

镜头 1：前奏 + 高潮 1

镜头 2：转场　　　　镜头 3：高潮 2+ 转场

镜头 4：结尾

❸ 动态小样制作

镜头的风格与结构确定好以后，整体思路就大致明确了，接下来就要开始着手制作镜头动画小样。动态小样的体现需要具体到每个镜头运动轨迹、衔接方式以及节奏，让他们在15秒当中合理的分配。

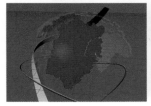

可以打开光盘中"FuJian_News\LayoutDemo\FuJianNews_Layout.mov"文件查看Layout的合成小样。

动画小样就相当于人的骨架、房屋的地基，只有把基础结构搭设好以后才能在上面添砖加瓦，只要基础做得足够准确，即使最终发现有不理想的地方需要修改也不至于伤筋动骨。

很多新手朋友经常会忽略掉动画小样的重要性，以至于在制作的过程中一头雾水，不知道从何开始，经常线性工作，一秒一秒地制作动画、细节、合成，导致在渲染之后合成到一起才突然发现风格跑偏了，并不是之前构想好的结果，此时再修改的话成本就非常高了。

那么，动画小样需要达到什么样的精度呢？只要通过动画小样可以想象到最终画面，达到在制作过程中可以按照预想完成每一部分即可。

如果是独立完成一个项目的话，那么小样的精度可以相对放低，当有合作伙伴一起工作时，动画小样精度就起到了非常重要的沟通作用，小样的精度越高，沟通的成本越低，出现偏差的地方就越少。

④ 镜头动画制作技巧

打开光盘中"FuJian_News\C4D\Layout\Layout_C1.c4d"工程文件，场景中已经有摆放好的场景主体，如下图所示。

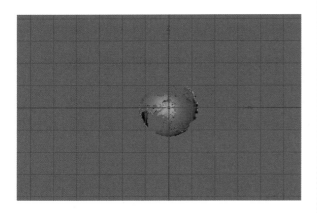

创建一条[螺旋线]作为摄像机的路径，重命名为"Camera Path"，将[平面]调整为[XZ]，如下图所示。

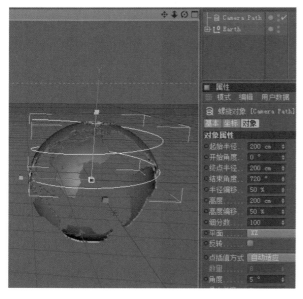

调整参数，如下图所示，调整之后就完成了一条顶部是直线向下盘旋的路径。

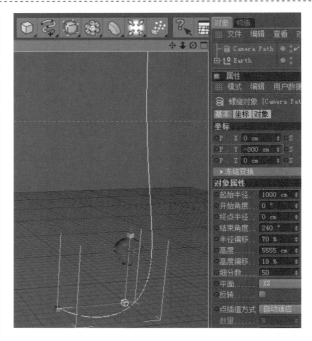

创建一个[目标摄像机]，然后为摄像机添加一个[对齐曲线]标签，如下图所示。

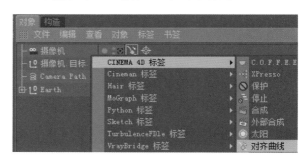

调整对齐曲线的位置属性，摄像机就能在路径上移动了，为位置设置关键帧，如下图所示。

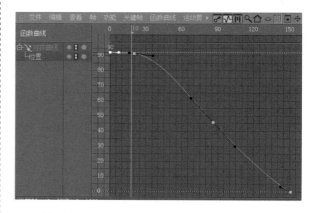

简单几步，一个摄像机环绕动画就制作好了。接下来，再做一些细节的调整。从下图中可

以看到，在部分时间段内的构图并不理想，甚至充满了整个画面。

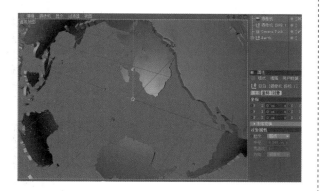

移动"摄像机.目标"的位置就可以变换摄像机的中心点来调整构图，为"摄像机.目标"的Y轴制作关键帧，如下图所示。

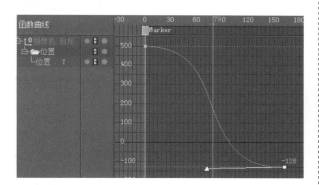

到此，C1的镜头就制作完毕了。

本书提供了各个镜头的基础场景，用于读者练习。打开光盘中的"FuJian_News\C4D\Layout"文件夹，在里面可以看到C4D文件，其中Final前缀的文件是镜头动画已经完成的工程，

- Final_Layout_C1.c4d
- Final_Layout_C2.c4d
- Final_Layout_C3.c4d
- Final_Layout_C4.c4d
- Layout_C1.c4d
- Layout_C2.c4d
- Layout_C3.c4d
- Layout_C4.c4d

剩下的Layout工程场景中有提供好未做动画的摄像机和基础场景，也就是用作练习的工程。

Layout_C2.c4d

Layout_C3.c4d

Layout_C4.c4d

在调整的过程中打开"FuJian_News\LayoutDemo"文件夹下相对应的视频文件，仔细揣摩动画曲线与节奏，然后调整动画。在完成之前，尽量不要打开Final前缀下的文件，最好等到调整完之后再研究自己做的动画与原始工程的动画的区别。

C1.mov

C2.mov

C3.mov

C4.mov

动画Layout调整完毕之后，导入到AE中剪辑每个镜头的切入时间，将它们控制在15秒之内，如下图所示。

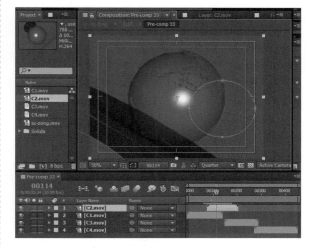

值得注意的是C2镜头，在三维中调整好的摄像机原本是从右下向左上方移动。

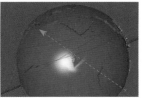

而最终在后期软件中换成了从左下到右上，这是因为镜头运动方式是按照第3张分镜角度所制

作，但是在动态完成后将镜头剪在一起会发现上下镜头衔接比较突兀。与第一个镜头的动势不匹配，在后期软件中将此镜头镜像反转刚好解决了这个问题。

⑤ 动态总结

在最终的成片中，我们加入了非常多的动画细节，这一切都建立在良好的动画Layout之上。只要动画的镜头和主体不再改变，就可以很方便地为画面增加相关元素，调整各个部件的动态，并且快速地在AE中合成并检验效果，甚至很多时候可以同时打开AE与C4D双线程工作。比如，一边制作一些小的动态元素或者新的质感，一边快速地在AE中将新做好的素材合成。

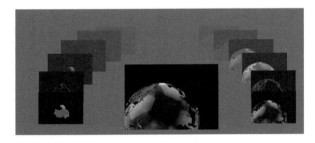

提示：C4D合成标签中的[对象缓存]非常有用，它能将任何一个物体的Matte通道单独渲染出来。

还有一点不得不说，那就是在制作时将每一个能独立出来的素材分层渲染非常的重要，这样的话，即使在调整过程中有一部分效果并不理想，也不至于导致整个镜头都重新渲染。除此之外，更好的一点是合成起来非常的方便，比如，有两根线条同时划过镜头，发现其中有一条有些黯淡，这时如果渲染在一个层中的话想要调整它的亮度，就只能重新渲染，或者用Mask遮罩控制区域，但是分好层的话调整起来就非常的方便。

"福建卫视新闻"新闻类栏目片头中所用到所有技巧也就到此结束，在分镜制作阶段，你应该学到了关键的三维元素制作、材质的渲染以及合成的思路，然后在动态元素制作阶段中掌握了元素的运动方法，并了解了镜头的制作技巧。那么，最后剩下的只是将"福建卫视新闻"栏目片头独立制作完成，接下来利用掌握的这些技巧试试吧！

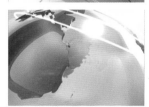